Pravin Rathod
Manoj Jogdand
Gajanan Bhalerao

Avaliação da qualidade do solo da cultura de açafrão-da-terra cultivada organicamente na Vasmat

Pravin Rathod
Manoj Jogdand
Gajanan Bhalerao

Avaliação da qualidade do solo da cultura de açafrão-da-terra cultivada organicamente na Vasmat

ScienciaScripts

Imprint

Any brand names and product names mentioned in this book are subject to trademark, brand or patent protection and are trademarks or registered trademarks of their respective holders. The use of brand names, product names, common names, trade names, product descriptions etc. even without a particular marking in this work is in no way to be construed to mean that such names may be regarded as unrestricted in respect of trademark and brand protection legislation and could thus be used by anyone.

Cover image: www.ingimage.com

This book is a translation from the original published under ISBN 978-620-7-65115-3.

Publisher:
Sciencia Scripts
is a trademark of
Dodo Books Indian Ocean Ltd. and OmniScriptum S.R.L publishing group

120 High Road, East Finchley, London, N2 9ED, United Kingdom
Str. Armeneasca 28/1, office 1, Chisinau MD-2012, Republic of Moldova, Europe
Printed at: see last page
ISBN: 978-620-7-71351-6

Índice

ABREVIATURAS

%	-	Per cent
ha.	-	Hectar
cm.	-	Centimeter
mm.	-	Millimeter
Fig.	-	Figure
i.e.	-	Id est.(that is)
dSm^{-1}	-	Deci Siemens per meter
$kg\ ha^{-1}$	-	Kilogram per hactor
$mg\ kg^{-1}$	-	Per hectare Milligram per
$Mg\ m^{-3}$	-	Per hectare Megagram per
No.	-	Number
Pp	-	Page number
Ppm	-	Parts per million
m.ha.	-	Million hectar
DTPA	-	Di-ethylene triamine penta acetic acid
Temp.	-	Temperature
viz.,	-	Vide licet, namely
Soc.	-	Society
Sci.	-	Science
Univ.	-	University
pH	-	Puissance de hydrogen
EC	-	Electrical conductivity
O.C	-	Organic Carbon
$CaCO3$	-	Calcium Carbonate
N	-	Nitrogen
P	-	Phosphorus
K	-	Potassium
S	-	Sulphur
Ca	-	Calcium
Mg	-	Magnecium
Fe	-	Ferrous
Mn	-	Manganese
Zn	-	Zinc
Cu	-	Copper
B	-	Boron
MSL	-	Mean sea level
M	-	Meter

CAPITULO R 1: INTRODUÇÃO

A curcuma (Curcuma longa L.) é uma especiaria importante cultivada na Índia desde tempos antigos e pertence à família Zingiberaceae. É referida como açafrão indiano e vulgarmente conhecida como Haldi. É popularmente conhecida como a "Especiaria Dourada da Índia". A curcuma pode ser cultivada em diversas condições tropicais, desde o nível do mar até 1500 m acima do nível do mar, a uma temperatura de 20-3 5° C, com uma precipitação anual de 1500 mm ou mais, em condições de sequeiro ou de regadio. Embora possa ser cultivada em diferentes tipos de solos, desenvolve-se melhor em solos arenosos ou argilosos bem drenados com pH entre 4,5 e 7,5 e com bom estado orgânico.

A curcuma tem sido utilizada na Índia para fins medicinais desde há séculos. Tem sido utilizada na medicina tradicional como remédio caseiro para várias doenças, incluindo perturbações biliares, anorexia, tosse, feridas diabéticas, perturbações hepáticas, reumatismo e sinusite. Para além da sua utilização como especiaria e pigmento. A curcuma e os seus constituintes, principalmente a curcumina e os óleos essenciais, apresentam um vasto espetro de acções biológicas. A utilização da curcuma remonta a cerca de 4000 anos atrás, à cultura védica na Índia. É amplamente utilizada na medicina Ayurveda, Unani e Siddha como remédio caseiro para várias doenças. A curcuma é originária do Sudeste Asiático e é utilizada como aditivo alimentar (especiaria), conservante e corante em países asiáticos, incluindo a Índia, China, Taiwan, Srilanka, Bangladesh, Birmânia (Myanmar), Nigéria, Austrália, Índias Ocidentais, Peru, Jamaica e alguns outros países das Caraíbas e da América Latina. (Rathaur *et. al.* 2012).

A cúrcuma é tradicionalmente utilizada na Índia para fins medicinais, religiosos, culinários e também como cosmético e corante (Shah, 1997). Com o advento de variedades de alto rendimento, registou-se uma mudança crescente da aplicação de nutrientes de base orgânica para fertilizantes químicos. Consequentemente, verificou-se uma redução do consumo de estrume orgânico, para além de uma utilização excessiva de fertilizantes inorgânicos para obter rendimentos elevados de variedades melhoradas. O uso contínuo e indiscriminado de fertilizantes de alta análise resultou em vários problemas, como acidez, alcalinidade, deficiências de micronutrientes, poluição do solo e das águas subterrâneas (Kadam, 2020). É necessário manter uma coordenação adequada entre recursos como o solo, a água, a matéria orgânica, a vida biótica e o fornecimento de nutrientes às plantas para manter a produção vegetal a um nível mais elevado (Anal *et* al. 2020). O termo agricultura biológica foi utilizado pela primeira vez por Lord Northbourne, que o descreve como "a exploração agrícola como um organismo" no seu livro "Look to the Land", publicado em 1940. Influenciada pelo trabalho de Sir Albert Howard, Lady Eve Balfour efectuou a primeira comparação científica *entre a agricultura biológica* e a convencional. "A agricultura biológica é um sistema que evita ou exclui largamente a utilização de factores de produção sintéticos (tais como fertilizantes, pesticidas, hormonas, aditivos alimentares, etc.) e que, na medida do possível, se baseia em rotações de culturas, resíduos de culturas, estrume animal, resíduos orgânicos provenientes de explorações agrícolas, aditivos minerais e sistemas biológicos de mobilização de nutrientes e de proteção das plantas" - equipa de estudo do USDA sobre agricultura biológica.

"A agricultura biológica é um sistema único de gestão da produção que promove e melhora a saúde dos agro-ecossistemas, incluindo a biodiversidade, os ciclos biológicos e a atividade biológica do solo, e isto é conseguido através da utilização de métodos agronómicos, biológicos e mecânicos na exploração agrícola, excluindo todos os insumos sintéticos fora da exploração"- FAO (Meena *et* al. 2013). A utilização de fertilizantes orgânicos e biofertilizantes não só melhora a saúde do solo, como também ajuda a maximizar a produção sustentável. A Índia é o maior produtor, consumidor e exportador mundial de açafrão-da-terra, que é cultivado apenas em 6% da área total cultivada com especiarias e condimentos na Índia. O Estado de Maharashtra, na Índia, ocupa o sexto lugar na área cultivada com curcuma. Em Maharashtra, Sangli, Satara, Hingoli, Nanded e Parbhani são os principais distritos produtores de curcuma. A cúrcuma é uma das principais culturas nos distritos de Hingoli e Sangali. (Kadte *et al.,* 2018).

A fertilidade do solo refere-se à capacidade inerente do solo de fornecer nutrientes essenciais às plantas em quantidade adequada, na proporção correcta e no momento certo para o seu crescimento ótimo. A gestão da fertilidade dos solos exige a sua acumulação e substância a um nível elevado para produzir géneros alimentícios, alimentos para animais, forragens e combustíveis adequados para a população cada vez maior de seres humanos e animais.

O solo é um recurso natural vital e deve ser utilizado judiciosamente de acordo com o seu potencial para satisfazer as crescentes exigências de uma população em constante crescimento. Para garantir uma produção agrícola óptima, é imperativo conhecer os melhores factos sobre os nossos solos e a sua gestão para alcançar uma produção sustentável. (Ammannawar *et al.,* 2017).

A utilização de fertilizantes orgânicos na agricultura acrescenta ao solo o tão necessário carbono orgânico e nutrientes minerais. A matéria orgânica do solo desempenha um papel vital na manutenção de uma elevada produtividade do solo. Actua como fonte de nutrientes, melhora a estrutura do solo, aumenta a capacidade de retenção de água, fornece macro e micronutrientes, aumenta a atividade microbiana do solo, reduz a capacidade de fixação de fosfatos do solo, ajuda a libertar lentamente o "N", reduz as perdas por lixiviação e melhora a eficiência da utilização de fertilizantes. Assim, os esforços de investigação foram direccionados para avaliar o efeito da fertilização orgânica na absorção de nutrientes, no rendimento e na qualidade da saúde do solo da curcuma como um todo.

A curcuma é uma especiaria importante cultivada na Índia desde tempos antigos. É conhecida como açafrão indiano e vulgarmente designada por Haldi. A Índia é o maior produtor, consumidor e exportador de curcuma do mundo.

A experiência na produção de açafrão-da-terra é um fator importante, que influencia a capacidade de decisão e de gestão e ajuda o produtor de açafrão-da-terra a assumir riscos calculados. Além disso, também influencia o estatuto social e económico dos produtores de curcuma. As informações relativas à experiência dos inquiridos foram recolhidas, tabuladas e analisadas. Em conclusão, os empresários de faixa etária média são proeminentes na produção de curcuma. Não só todos os produtores de curcuma são alfabetizados, como também um número considerável tem um nível de instrução elevado. Um grande número de produtores de curcuma está no ativo há muitos anos. A maior parte deles precisa de ser encorajada a desenvolver a orientação para o risco entre eles. Em Thar, 96,66% dos inquiridos expressaram a indisponibilidade de nutrientes na altura certa. Por outro lado, 94,66% dos inquiridos referiram o elevado custo da mão de obra. A falta de orientação para o controlo de pragas e doenças foi enfrentada por 90,66% dos inquiridos. A utilização de panelas de pressão para a transformação é dispendiosa e a exploração por intermediários são os principais problemas dos produtores de açafrão-da-terra, respetivamente. A indisponibilidade de nutrientes na altura certa é o maior problema para a maioria dos produtores de açafrão-da-terra. (Kanwat *etal.*, 2011)

A produção mundial de curcuma é de cerca de 11 lakh toneladas por ano. A Índia domina o cenário da produção mundial, contribuindo com 80%, seguida pela China (8%), Myanmar (4%), Nigéria (3%) e Bangladesh (3%).

No ano de 2022-23, uma área de 3,24 lakh ha foi cultivada com curcuma na Índia, com uma produção de 11,61 lakh toneladas (mais de 75% da produção mundial de curcuma). Na Índia, são cultivadas mais de 30 variedades de curcuma, que é cultivada em mais de 20 estados do país. A quota da Índia na produção total de curcuma no mundo é superior a 80%. Na Índia, Andhra Pradesh é o maior produtor de curcuma, seguido de Tamil Nadu, Orissa, Karnataka, Bengala Ocidental, Gujarat e Kerala.

O Estado de Maharashtra, com mais de 278 mil toneladas métricas, foi o principal produtor de curcuma na Índia durante o ano fiscal de 2022-23. Telangana e Karnataka ficaram em segundo e terceiro lugar na classificação durante esse ano.

Na região de Marathwada, o distrito de Hingoli é a principal zona de cultivo de curcuma. Em 2022-23, a área cultivada com curcuma no tahsil de Hingoli era de 4 900 ha, no tahsil de Basmat de 16 000 ha, no tahsil de Kalmnuri de 6 000 ha, no tahsil de Sengaon de 5 100 ha e no tahsil de Aundha de 3 000 ha. A curcuma é uma cultura que se alimenta exaustivamente de nutrientes e responde bem à nutrição. Não foi efectuado qualquer estudo sistemático sobre as propriedades físico-químicas e o estado de fertilidade das áreas de cultivo de curcuma na região de Marathwada. Por conseguinte, o inquérito sobre a "Avaliação da qualidade do solo em açafrão-da-terra cultivado organicamente em Vasmat tahsil do distrito de Hingoli". A avaliação do solo é efectuada com base nos seguintes objectivos

1. Conhecer a qualidade do solo em solos de açafrão-da-terra cultivados

organicamente em Vasmat tahsil do distrito de Hingoli.

2. Estudar o estatuto socioeconómico dos agricultores de açafrão-da-terra biológico de Vasmat tahsil do distrito de Hingoli.

CAPÍTULO 2: REVISÃO DA LITERATURA

O estudo da literatura relevante é útil para a formulação do problema de investigação empreendido. A literatura relativa ao estado de fertilidade do solo de açafrão-da-terra cultivado com insumos orgânicos é pouco abundante, pelo que também se referem algumas referências de outras culturas. Não existe um estudo pormenorizado sobre o estado dos nutrientes no solo das zonas de cultivo de curcuma, pelo que é necessário efetuar uma investigação pormenorizada sobre os solos de cultivo de curcuma. Com base na informação disponível, a literatura é revista sob os seguintes títulos.

2.1 Conhecer a qualidade do solo onde é cultivado o açafrão-da-terra em modo de produção biológico

2.2 Estudar o estatuto socioeconómico dos agricultores que cultivam açafrão-da-terra biológico

2.3 Conhecer a qualidade do solo onde é cultivado o açafrão-da-terra em modo de produção biológico

2.1.1 Propriedades físicas do solo

Cor do solo

Reddy *et al.* (2004) estudaram a avaliação da aptidão das terras para o algodão numa parte do Maharashtra oriental e referiram que os solos nas cristas lineares, planícies ondulantes, pedimentos e vales estreitos são castanhos escuros a castanhos acinzentados muito escuros, com uma tonalidade 10 YR e uma estrutura em blocos fraca e subangular nos vales principais e estreitos.

Kalbhor (2007) caracterizou e classificou o solo da quinta experimental da Faculdade de Agricultura MAU Parbhani e referiu que a cor do solo era castanha escura (10YR 3/3) a preta (10YR 2/1) e a textura do solo era argilosa.

Patil *et al.* (2013) caracterizaram, classificaram e avaliaram os solos e a água de irrigação em Osmanabad tehsil de Maharashtra e referiram que os solos de Osmanabad tehsil eram de cor castanha amarelada (10YR 5/6) a preta (10YR2.5/1), de natureza calcária (0,7 a 19,37 %), muito superficiais a muito profundos, de textura franco-argilosa a argilosa.

Malode e Patil (2014) estudaram os solos de Marathwada e concluíram que os solos eram cinzentos muito escuros a castanhos amarelados escuros (10YR 3/1,5 a 10YR 4/4), muito pegajosos e muito plásticos em condições de consistência húmida.

Malavath e Mani (2015) estudaram a classificação da génese e a avaliação dos solos de cultivo de algodão e relataram que a cor do solo variava de cinzento muito escuro a castanho acinzentado escuro em condições secas e húmidas, respetivamente.

Ghode et al. (2017) estudaram a classificação da caraterização e a avaliação dos solos de cultivo de algodão do distrito de Nanded e relataram que os solos são de cor preta rasa a profunda (10 YR 2,5/1) a amarelo muito pálido (10 YR 7/4) e estrutura granular a angular em blocos de textura argilosa a argilosa (13,4 a 70,77%).

Satish et al. (2018) estudaram a caraterização e classificação dos solos da bacia hidrográfica de Brahmanakotpur em Andhra Pradesh e afirmaram que os solos eram mal a bem drenados, de cor cinzenta muito escura a castanha forte com uma tonalidade de 10 YR, o valor variava entre 3 e 5 e o croma variava entre 1 e 6.

Purandhar e Naidu (2020) estudaram a classificação da caraterização e o estado de fertilidade dos solos de Puttar Mandal, no distrito de Chitoor, em Andhra Pradesh, e referiram que a cor do solo variava entre cinzento claro e cinzento muito escuro, com uma tonalidade de 10 YR.

Thale et al. (2020) estudaram a caraterização, a classificação e a aptidão dos solos para a cultura do pomogante no distrito de Latur e concluíram que os solos eram muito superficiais a muito profundos, castanho-avermelhados a castanho-acinzentados escuros (5 YR 4/4 a 10 YR 4/2). textura argilosa a franco-arenosa e estrutura granular a angular em blocos.

Textura do solo

Gabhane *et al.* (2006) estudaram a avaliação dos solos para o planeamento da utilização das terras de uma microbacia hidrográfica na região de Vidarbha, em Maharashtra, e verificaram que os solos eram de textura argilosa, com um teor de argila que variava entre 34,4 e 74,4 por cento. O teor de silte variava entre 12,8 e 40 por cento e o teor de areia do solo era inferior a 11 por cento.

Kalbhor (2007) caracterizou e classificou o solo da quinta experimental da Faculdade de Agricultura da MAU, Parbhani, e referiu que a cor do solo era semelhante à da textura argilosa a argilosa.

Babar *et al.* (2007), estudando os solos da região central e oriental de Vidarbha, em Maharashtra, referiram que todos os solos dos distritos de Nagpur e Chandrapur estão classificados na classe textural argilosa. Enquanto os solos dos distritos de Bhandara, Gondia e Wardha estão classificados, respetivamente, na classe textural franco-argilosa, franco-arenosa e franco-argilosa arenosa, de acordo com o sistema do USDA.

Patil *et al.* (2013) caracterizaram, classificaram e avaliaram os solos e a água de irrigação em Osmanabad tehsil de Maharashtra e referiram que os solos de Osmanabad tehsil eram de natureza calcária (0,7 a 19,37 %), muito superficiais a muito profundos, de textura franco-argilosa a argilosa.

Thale *et al.* (2020) estudaram a caraterização, a classificação e a adequação dos solos de cultivo de pomogranate no distrito de Latur e descobriram que os solos eram de textura argilosa a franco-arenosa e de estrutura granular a angular em blocos.

Densidade a granel

Bharambe e Ghonshikar (1985) estudaram os solos da área de comando de Jayakwadi e relataram que a densidade aparente do solo variava de 1,18 a 1,61 Mg m^{-3} e a porosidade variava de 37,0 a 58,0 por cento.

Ghuge (2002) estudou o estado de fertilidade dos solos de cultivo de cana-de-açúcar na área da fábrica de cana-de-açúcar Balaghat Shetkari Co-operative Ujana e relatou que a densidade aparente do solo variava de 1,18 a 1,52 Mg m^{-3} com um valor médio de 1,35 Mg m^3 enquanto que os solos do distrito de Keliveli - Akola do vale Purna tinham uma densidade aparente que variava de 1,35 a 1,84 Mg m^{-3} (Kawade, 2005).

Halemani *et al.* (2004) estudaram na Universidade de Ciências Agrícolas de Dharwad, Karnataka. Relataram que a aplicação de FYM @ 10 t ha^{-1} diminuiu a densidade aparente, aumentou a taxa de infiltração e a capacidade de retenção de água do solo.

Hati *et al.* (2006) estudaram o efeito do uso combinado de fertilizantes inorgânicos e adubos orgânicos nas propriedades físicas do solo, eficiência do uso da água, crescimento radicular e rendimento da soja no sistema de cultivo soja-mostarda e revelaram que a aplicação de 10 Mg de FYM e NPK recomendado (NPK + FYM) à soja por três anos consecutivos aumentou o rendimento das sementes e a eficiência do uso da água em 103% e 76%, respetivamente.

Bodhale (2007) relatou que, durante o mapeamento da fazenda de demonstração da MAU, Parbhani estudou que a densidade aparente variava de 1,29 a 1,41 com valor médio de 1,33 Mg m^{-3} e a porosidade variava de 46,56 a 52,38% com valor médio de 50,46%.

Kalbhor (2007) caracterizou e classificou o solo da quinta experimental da Faculdade de Agricultura MAU Parbhani e referiu que a densidade aparente variava entre 1,26 e 1,39, com um valor médio de 1,32 Mg m^{-3}.

Tripathi *et al.* (2007) estudaram os solos de Himachal Pradesh e verificaram que a densidade aparente variava entre 1,18 e 1,52 Mg m^{-3} com um valor médio de 1,30 Mg m^{-3}.

Ewulo *et al.* (2008), num estudo efectuado na Faculdade Federal de Agricultura e Tecnologia, Akure, estado de Ondo, Nigéria, observaram que a aplicação de estrume de aves de capoeira 25 t ha $^{-1}$, a densidade aparente foi reduzida de 1,43 para 1,11 Mg g^{-3} .

Ravikumar, *et al.* (2009) A densidade aparente dos solos de Katol tahsil do distrito de Nagpur variava entre 1,1 e 1,8 Mg m^{-3} .

Singh *et al.* (2017) estudaram as propriedades físico-químicas do bloco Lahar no distrito de Bhind, em Madhya Pradesh, e observaram que a densidade aparente variava entre 1,21 e 1,14 Mg g-^{3} .

Aundhakar *et al.* (2018) estudaram a caraterização e a classificação dos solos de cultivo de algodão do distrito de Beed e referiram que a densidade aparente destes solos variava entre 1,24 e 1,97 mg m^{-3} .

Patil *et al.* (2019) estudaram as propriedades físico-químicas dos solos de Washi tehsil do distrito de Osmanabad e referiram que a densidade aparente média era de 1,53 Mg m^{-3} e a densidade média das partículas de 2,39 Mg m^{-3} .

Gogoi (2021) estudou as propriedades do solo sob a cultura de arroz de sequeiro *(Oryza Sativa)* afectadas pelo fornecimento integrado de nutrientes e mostrou que a densidade aparente mais baixa e a capacidade de retenção de água mais elevada aumentaram significativamente o carbono orgânico do solo, o N disponível, o P_2O_5 e o K_2O com a aplicação de 50% da dose recomendada de fertilizantes (inorgânicos) substituídos por 50% de N FYM (orgânicos).

Densidade das partículas

Singh e Mishra (2012) estudaram os solos no bloco chairagaon do distrito de Varanasi, no Uttar Pradesh, e referiram que a densidade das partículas destes solos variava entre 2,0 e 2,6 g cm^{-3} .

Saikumar e Nagenderao (2016) avaliaram as propriedades físicas dos solos de cultivo de malagueta do distrito de Khammam, em Telangana, e indicaram que a densidade das partículas destes solos era de 2,44 a 2,60 g cm^{-3} .

Ghode *et al.* (2017) estudaram a classificação da caraterização e a avaliação dos solos de cultivo de algodão do distrito de Nanded e referiram que o teor do solo variava entre 2,29 e 2,78 Mg m^{-3} .

Patil *et al.* (2019) estudaram as propriedades físico-químicas dos solos de Washi tehsil do distrito de Osmanabad e indicaram que a densidade média das partículas era de 2,39 Mg m^{-3} e a porosidade do solo era de 35,95 por cento.

Capacidade de retenção de água

Maji *et al.* (2005) estudaram a caraterização e classificação das formas de terra e dos solos em terrenos basálticos nos trópicos sub-húmidos da Índia Central e observaram que a densidade aparente dos solos varia entre 1,33 e 1,79 Mg m^{-3} . Os valores da capacidade de retenção de água disponível na área de estudo variam entre 97,9 e 199,5 mm.

Thamraj K *et al.* (2011) estudaram a influência do vermicomposto e da vermiwash nas propriedades físico-químicas do solo cultivado com arroz na quinta de investigação da Annamalai University Chidambaram, Tamilnadu. Os resultados revelaram que o solo tratado com vermicomposto e vermiwash tem um efeito significativo na capacidade de retenção de água do solo, sendo que a capacidade de retenção de água do solo é de 50%.

Doifode *et al.* (2021) estudaram o efeito do biofertilizante no estado do solo dos campos de açafrão-da-terra na faculdade de ciências de Saoner. Os resultados revelaram que a capacidade de retenção de água do solo pré-semeado nos campos de açafrão-da-terra foi registada como 56,32%. O solo pós-colheita mostra uma capacidade máxima de retenção de água de 69,94% na azotobacter + PSB e a azotobacter sozinha mostra 65,62% de capacidade de retenção de água do solo.

Propriedades químicas

pH do solo

Vijaya Shankar *et al.* (2007) realizaram uma experiência para estudar o efeito da utilização integrada de fertilizantes orgânicos e inorgânicos nas propriedades do solo e no rendimento da cana-de-açúcar durante 1994-96 nos campos agrícolas da região da fábrica de açúcar Kovar de Nellore, Andhra Pradesh. Os resultados revelaram que a aplicação de FYM juntamente com fertilizantes químicos resultou num ligeiro declínio do pH e num aumento da CE do solo, mas estas alterações não foram significativas.

Waghmare *et al.* (2008) estudaram o estado do pH dos solos de Ausa tahsil no distrito de Latur e referiram que estes solos tinham uma reação neutra a alcalina, que variava entre 7,05 e 8,9, com um valor médio de 8,7. O pH elevado destes solos deve-se à existência de um elevado grau de saturação de bases.

Nirawar *et al.* (2009) estudaram os solos de Ahmedpur tahsil do distrito de Latur e referiram que o pH do solo variava entre 6,56 e 8,6, indicando que os solos têm uma reação neutra a moderadamente alcalina.

Boraiah *et al.* (2015) realizaram uma experiência com capsicum na Estação de Investigação Agrícola, Arsikere, Karnataka, para estudar as propriedades químicas do solo influenciadas pela aplicação de estrume de quintal, medula de coco compostada e panchagavya ao capsicum e os resultados mostraram que foram observadas diferenças significativas na aplicação de CCP com 6 por cento de pulverização de panchagavya, que registou um pH do solo de 6,36.

Jagdale (2018) estudou uma experiência na quinta de investigação VNMKV, Parbhani, sobre formulações orgânicas, tendo referido que o carbono orgânico foi significativamente melhorado com a aplicação de FYM e RDF + Beejamruth +Jeevamruth + Panchagavya e que o pH, a CE e o teor de carbonato de cálcio no solo não foram estatisticamente significativos.

Kumar *et al.* (2018) Foi realizada uma experiência de campo para avaliar o crescimento, o rendimento, os atributos de qualidade e as características do solo sob diferentes espécies de árvores agroflorestais no Centro de Investigação Agroflorestal, G.B. Pant University of Agriculture and Technology, o resultado revelou que o teor de pH disponível varia entre 7,25 e 7,51.

Supriya *et al.* (2019) referiram que o pH variava entre 7,00 e 8,10 e que os solos são de natureza neutra a moderadamente alcalina no distrito de

Kurnool, em Andhra Pradesh. O pH mais elevado do solo pode dever-se à natureza calcária e à sodicidade dos solos.

Kachave (2019) estudou uma experiência na Faculdade de Agricultura de Golegaon, VNMKV, Parbhani, sobre o impacto de formulações orgânicas ecológicas e da fertilização inorgânica na atividade enzimática e na população microbiana em solos cultivados com tomate, tendo revelado que a reação do solo não foi influenciada de forma significativa e que se verificou uma ligeira variação na condutividade eléctrica e no pH do solo, que é neutro a ligeiramente alcalino, devido à aplicação de formulações orgânicas.

Hadole *et al.* (2020) analisaram os solos do distrito de Solapur, em Maharashtra, e indicaram que o pH das amostras de solo variava entre 6,30 e 8,75, o que mostrava que a natureza neutra a alcalina poderia dever-se à reação do material fertilizante aplicado com os colóides do solo, o que provoca a retenção de catiões básicos no complexo permutável do solo.

Condutividade eléctrica

Waghmare *et al.* (2008) referiram que a CE dos solos de Ausa tahsil do distrito de Latur variava entre 0,17 e 1,34 dS m^{-1} com um valor médio de 0,32 dSm^{-1} . A baixa CE nestes solos deve-se a uma gestão adequada do solo e à lixiviação de sais que ocorre da superfície para a subsuperfície.

Nirawar *et al.* (2009) estudaram as características físico-químicas e o estado do N, P e K disponíveis nos solos de Ahmedpur tahsil do distrito de Latur e concluíram que a CE variava entre 0,18 e 0,22 dSm^{-1} .

Alane (2010) estudou as características físico-químicas e o estado nutricional dos solos de Aundha e Kalamnuri tehsil do distrito de Hingoli e mostrou que 0,186 dSm^{-1} EC e 0,206 dSm^{-1} EC de Aundha e Kalamnuri, respetivamente.

Gajbhey e Bhoye (2014) avaliaram a CE em solos de Lohara tahsil do distrito de Osmanabad e concluíram que a CE dos solos variava entre 0,10 e 0,66, 0,10 e 0,90 e 0,10 e 1,0 dSm^{-1} com um valor médio de 0,26, 0,26 e 0,60 dS m^{-1} em Vertisols, Inceptisols e Entisols, respetivamente.

Verma *et al.* (2014) estudaram o estado dos macro e micronutrientes do solo em solos de cultivo de cana-de-açúcar no distrito de Haridwar, em Uttarakhand, e sugeriram que a condutividade eléctrica da superfície do solo variava entre 0,09 e 0,72 dSm^{-1} . A maioria dos solos tinha uma condutividade normal.

Singh *et al.* (2017) estudaram as propriedades físico-químicas do bloco Lahar no distrito de Bhind, em Madhya Pradesh, e observaram que a condutividade eléctrica variava entre 0,32 e 0,82 dSm^{-1} .

Hadole *et al.* (2020) apresentaram o estado da condutividade eléctrica em solos do distrito de Solapur, em Maharashtra, e observaram que a condutividade eléctrica variava entre 0,02 e 0,59 dSm^{-1} .

Carbono orgânico

Perni (2005) referiu que o carbono orgânico do solo de cultivo de curcuma do distrito de Guntur variava entre 0,08 e 0,15 %, com um valor médio de 0,12 %, sendo todas as amostras de solo com baixo teor de carbono orgânico.

Waghmare *et al.* (2008) mostraram que o teor de carbono orgânico nos solos de Ausa tahsil do distrito de Latur variava entre 0,18 e 0,87 por cento, com um valor médio de 0,51 por cento. Estes solos tinham um teor de carbono orgânico baixo a médio e a variação do teor de carbono orgânico pode dever-se à temperatura elevada do distrito de Latur. A variação do teor de carbono orgânico pode dever-se à temperatura elevada do distrito de Latur, que é responsável por acelerar a taxa de oxidação e acrescenta muito pouco carbono orgânico ao solo.

Nirawar *et al.* (2009) estudaram as características físico-químicas dos solos de Ahemedpur tehsil do distrito de Latur e afirmaram que o carbono orgânico variava entre 0,21 e 1,28 por cento. O carbono orgânico mais baixo foi registado na aldeia de Umarga- kor, variando entre 0,25 e 0,58% de carbono orgânico, e o carbono orgânico mais elevado, de 0,94%, foi observado na aldeia de Hippalgaon.

Gajare *et al.* (2014) referiram que o teor de carbono orgânico variava entre 0,15 e 1,03 por cento, com um valor médio de 0,56 por cento no distrito de Latur. O valor mostra que os solos do distrito de Latur tinham um teor baixo a médio de carbono orgânico.

Boraiah *et al.* (2015) realizaram uma experiência com pimentão na Estação de Investigação Agrícola, Arsikere, Karnataka, para estudar as propriedades químicas do solo influenciadas pela aplicação de estrume de curral, medula de coco compostada e panchagavya ao pimentão e os resultados mostraram que foram observadas diferenças significativas no teor de carbono orgânico do solo. Entre as fontes, foi registado um teor de carbono orgânico mais elevado (0,53%) com a aplicação de estrume de curral em comparação com a aplicação de medula de coco compostada (0,48%). A FYM com 6 por cento de spray panchagavya registou um máximo de carbono orgânico de 0,55 por cento.

Singh *et al.* (2017) revelaram que o teor de carbono orgânico variava entre 0,61 e 0,79 e 0,49 e 0,72 por cento, com um valor médio de 0,69 e 0,58 por cento, respetivamente, nos solos do bloco Majhwa do distrito de Mirzapur, no leste de U.P. O teor médio de carbono orgânico devia-se à adição de estrume orgânico pelos agricultores.

Jagdale (2018) estudou o efeito não significativo da formulação orgânica no pH e na condutividade eléctrica do solo. O valor mais elevado do teor de carbono orgânico foi observado no tratamento de 100 % N através de FYM no campo experimental da MAU, Parbhani.

Kumar *et al.* (2018) estudaram o desempenho do açafrão-da-terra e as características do solo sob diferentes especiarias arbóreas agroflorestais em Uttarakhand e encontraram a maior percentagem de carbono orgânico 0,98% no tratamento Terminalia bellerica + agrofloresta à base de açafrão-da-terra.

Kachave (2019) realizou uma experiência de campo no COA, Golegaon, Parbhani, sobre o impacto de formulações orgânicas ecológicas e da fertilização inorgânica na atividade enzimática e na população microbiana em solos cultivados com tomate e concluiu que a acumulação de carbono orgânico no solo foi observada na aplicação combinada beejamruth + jeevamruth + panchagavya.

Oval (2020) estudou uma experiência sobre o efeito de diferentes factores de produção orgânicos na dinâmica dos nutrientes do solo, no crescimento, no rendimento e na qualidade da soja em vertisol no campo experimental VNMKV, Parbhani. Os resultados revelaram que a redução máxima do pH foi encontrada no tratamento de aplicação de FYM + vermicomposto (50 % cada) + jeevamruth 2 vezes através da aplicação no solo aos 30 e 45 DAS na fase de colheita da soja. Ligeira variação na condutividade elétrica devido à aplicação de insumos orgânicos. O aumento máximo no conteúdo de carbono orgânico no solo foi registrado no tratamento FYM + vermicomposto (50 % cada) + jeevamruth 2 vezes através da aplicação no solo aos 30 e 45 DAS, com valores de 5,30 g kg^{-1}.

Carbonato de cálcio

Malewar *et al.* (1998) estudaram os solos da zona semi-árida do Norte de Marathwada e referiram que o teor de $CaCO3$ nestes solos variava entre 37,50 e 114,0 g kg-1 e que o teor de $K2O$ disponível nos solos semi-áridos do Norte de Marathwada variava entre 318,0 e 616,0 kg ha^{-1}, respetivamente.

Senthil Kumar *et al.* (2004) estudaram os solos de cultivo de curcuma do distrito de Coimbatore e afirmaram que 78 % dos solos eram fortemente calcários e 22 % eram fracamente calcários.

Perni (2005) estudou solos de cultivo de açafrão-da-terra do distrito de Guntur e referiu que a média de carbonato de cálcio era de 6,9% entre todas as amostras, 14% eram fracamente calcários e os restantes 86% eram fortemente calcários.

Waghmare *et al.* (2008) referiram que o teor de $CaCO3$ nos solos de Ausa tahsil do distrito de Latur variava entre 0,88 e 12,6, com um valor médio de 4,88 por cento. O baixo e médio teor de $CaCO3$ nestes solos pode dever-se à presença de $CaCO3$ em forma pulverulenta e ao regime de temperatura hiper-térmica de Ausa tahsil.

Adekiya e Agabede (2009) observaram que o fertilizante NPK +

estrume de aves aumentou significativamente os níveis de N, P e K do solo no tomate. O fertilizante NPK sozinho não aumentou significativamente o Ca e o Mg do solo. O carbono orgânico do solo (SOC) aumentou com quantidades crescentes de estrume de aves até 40 t ha^{-1} . O fertilizante NPK sozinho não aumentou o SOC. No entanto, o pH do solo foi reduzido de 0 t ha^{-1} estrume de aves de capoeira para 40 t ha^{-1} estrume de aves de capoeira. Não houve diferenças no pH do solo do fertilizante NPK + estrume de aves a 10, 20, 30 e 40 t ha^{-1} .

Pandey *et al.* (2013) estudaram o estado do CaCO3 nos solos do distrito de Dewas, em Madhya Pradesh, e mostraram que o carbonato de cálcio dos solos varia entre 2,5 e 4,5 por cento, com um valor médio de 3,6 por cento, o que revela a natureza calcária dos solos.

Gajare *et al.* (2014) estudaram a experiência sobre a indexação de nutrientes dos principais solos de cultivo de soja do distrito de Latur, tendo referido que o teor de carbono orgânico variava entre 0,15 e 1,03%, com um valor médio de 0,56% nos solos do distrito de Latur. O valor mostra que os solos do distrito de Latur tinham um teor baixo a médio de carbono orgânico.

Waikar *et al.* (2014) estudaram a avaliação dos principais índices do solo e a sua relação com algumas propriedades físico-químicas do solo de Tehsils do Norte (Jintur, Selu e Pathri) do distrito de Parbhani. Afirmaram que o teor de carbonato de cálcio livre variou de 5,0 a 160 g kg^{-1} com um valor médio de 65,6 g kg^{-1} em Jintur, 5,0 a 170 g kg-1 com um valor médio de 53,3 g kg^{-1} em Selu e 10,0 a 145,0 g kg^{-1} com um valor médio de 75,0 g kg^{-1} em Pathri, indicando que estes solos são de natureza não calcária a altamente calcária.

Hadole *et al.* (2020) estudaram os solos do distrito de Solapur e referiram que o carbonato de cálcio nos solos variava entre 1,75 e 17,75 por cento.

Macro nutrientes disponíveis no solo
Azoto disponível

Gopalkrishna *et al.* (1997) estudaram as características físico-químicas dos solos de cultivo de curcuma da estação regional de investigação agrícola de Jagital, Telangana, e revelaram que o resultado do azoto disponível nestes solos era de 186 kg ha^{-1} .

Senthil Kumar *et al.* (2004) estudaram os solos de cultivo de açafrão-da-terra do distrito de Coimbatore e revelaram os resultados do efeito de adubos orgânicos enriquecidos com zinco e da aplicação de solubilizante de zinco no rendimento, na curcumina e no estado nutricional do solo sob cultivo de açafrão-da-terra e mostraram que o campo experimental de açafrão-da-terra contém 253 kg ha^{-1} de azoto.

Perni (2005) estudou os solos de cultivo de curcuma do distrito de Guntur, afirmando que o teor médio de azoto disponível nas amostras de solo variava entre 214 e 283 kg ha^{-1} com um valor médio de 149 kg ha^{-1} de solos de áreas de cultivo de curcuma no distrito de Guntur.

Nirawar *et al.* (2009) estudaram as características físico-químicas dos solos de Ahemedpur tehsil do distrito de Latur e afirmaram que o azoto mais baixo variava entre 100,35 e 150,52 kg ha^{-1} com um valor médio de 124,81 kg ha^{-1} da aldeia de Hasrani e que o azoto disponível mais elevado, 264,67 kg ha^{-1} , foi registado na aldeia de Shirur-Tajband e variou entre 153,93 e 323,00 kg ha^{-1} de Ahemedpur tehsil do distrito de Latur.

Singh *et al.* (2013) estudaram o crescimento, o rendimento e a qualidade da curcuma sob a influência de adubos orgânicos e referiram que o teor de azoto disponível variava entre 92 e 318 kg ha^{-1} nos solos do distrito de Morena, em Madhya Pradesh.

Waikar *et al.* (2014) estudaram a avaliação dos principais índices do solo e a sua relação com algumas propriedades físico-químicas do solo de Tehsils do Norte (Jintur, Selu e Pathri) do distrito de Parbhani.62 a 279,10 kg ha^{-1} com um valor médio de 186,08 kg ha^{-1} , em Selu o azoto variou de 100,35 a 398,27 kg ha^{-1} com um valor médio de 193,94 kg ha^{-1} e em Pathri tehsil variou de 114,25 a 323,0 kg ha^{-1} com um valor médio de 200,37 kg ha^{-1} .

Boraiah *et al.* (2015) Foi realizada uma experiência de campo para estudar as propriedades químicas do solo influenciadas pela aplicação de estrume de curral, medula de coco compostada e panchagavya ao pimento na Estação de Investigação Agrícola, Arsikere, Karnataka. Foram observadas diferenças significativas no azoto disponível com diferentes fontes, níveis de adubos orgânicos e aplicação de panchagavya. Entre as fontes, o N disponível (290,04 kg ha^{-1}) foi registado com FYM em comparação com a aplicação de medula de coco compostada 275,52 kg ha^{-1} . Entre os níveis de fertilidade, o FYM a 200 por cento de N equivalente registou o máximo, enquanto que o CCP a 150 por cento registou maior azoto disponível 276,78 kg ha^{-1} foi registado com a aplicação de CCP com 3 por cento de spray panchagavya.

Choudhari *et al.* (2017) estudaram o estado dos macro e micronutrientes nos solos do distrito de Beed (Maharashtra) e mostraram que o azoto disponível no tehsil de Beed variava entre 34 e 260 kg ha^{-1} com um valor médio de 117,1 kg ha^{-1} .

Adat *et al.* (2017) estudaram o estado de fertilidade de Hingoli e Sengaon Tehsil e relataram que o teor de azoto disponível nos solos de Hingoli variava entre 105,62 e 457,85 kg ha^{-1} e os solos de Sengaon tehsil variavam em azoto disponível entre 112,88 e 313,60 kg ha^{-1} com um valor médio de 216,42 kg ha^{-1} . No tehsil de Hingoli, 94% dos solos tinham um teor de azoto disponível baixo e 6% estavam na categoria média, enquanto 92% dos solos tinham um teor de azoto disponível baixo e 8% eram médios no tehsil de Sengaon.

Kumar *et al.* (2018) Foi realizada uma experiência de campo para avaliar o crescimento, o rendimento, os atributos de qualidade da curcuma e as características do solo sob diferentes espécies de árvores agroflorestais no Centro de Investigação Agroflorestal, G.B. Pant University of Agriculture and Technology, os resultados revelaram que o teor de azoto disponível varia entre 230 e 301 kg ha^{-1} . No tratamento Terminalia bellerica + açafrão-da-terra baseado em agroflorestação.

Malavath e Thurpu (2019) Foi realizado um estudo para avaliar o estado nutricional dos solos de cultivo de curcuma (Curcuma longa L.) em relação ao nemátodo das galhas do distrito de Nizamabad, Telangana. Foram escolhidas vinte e oito aldeias representativas e um total de vinte e oito amostras de solo à superfície (0-15 cm) foram recolhidas e analisadas para determinar o teor de N, P, K e micronutrientes disponíveis. Os resultados revelaram que o teor de azoto disponível variava entre 198 e 285 kg ha^{-1} .

Fósforo disponível

Gopalkrishna *et al.* (1997) estudaram as características físico-químicas dos solos de cultivo de curcuma da estação regional de investigação agrícola de Jagital, Telangana, e indicaram que o teor de fósforo disponível era de 17 kg ha^{-1} nos solos de cultivo de curcuma de Jagital.

Senthil Kumar *et al.* (2004) estudaram os solos de cultivo de açafrão-da-terra do distrito de Coimbatore e revelaram que o fósforo disponível no campo experimental era de 15,3 kg ha^{-1} durante o estudo do efeito de adubos orgânicos enriquecidos com zinco e da aplicação de solubilizador de zinco no rendimento, curcumina e estado nutricional do solo sob cultivo de açafrão-da-terra.

Perni (2005) estudou os solos de cultivo de curcuma do distrito de Guntur e referiu que o teor de fósforo disponível nos solos variava entre 26,46 e 47,39 kg ha^{-1} com um valor médio de 36,92 kg ha^{-1} .

Nirawar *et al.* (2009) estudaram as características físico-químicas dos solos de Ahemedpur tehsil do distrito de Latur e referiram que o valor médio baixo de fósforo disponível registado nos solos de Umarga - Kor foi de 1,97 kg ha^{-1} e variou de 0,54 a 4,60 kg ha^{-1} enquanto os solos da aldeia de Dhanora variaram de 7,65 a 16,15 kg ha^{-1} com uma média de 11,89 kg ha^{-1} .

Waikar *et al.* (2014) estudaram a avaliação dos principais índices do solo e a sua relação com algumas propriedades físico-químicas do solo de Tehsils do Norte (Jintur, Selu e Pathri) do distrito de Parbhani. Relataram que o fósforo disponível nos solos de Jintur variou de 9,26 a 23,97 kg ha^{-1} com um valor médio de 14,67 kg ha^{-1} , em Selu o fósforo variou de 7,20 a 23,37 kg ha^{-1} com valor médio de 12,78 kg ha^{-1} e de Pathri variou de 7,31 a 24,61 kg ha^{-1} com um valor médio de

14,79 kg ha^{-1} .

Boraiah *et al.* (2015) realizaram uma experiência sobre o pimento na Estação de Investigação Agrícola, Arsikere, Karnataka, para estudar as propriedades químicas do solo influenciadas pela aplicação de estrume de curral, medula de coco compostada e panchagavya ao pimento e os resultados de P2O5 disponível (9,39 kg ha^{-1}) foram registados com a FYM em comparação com a aplicação de medula de coco compostada (CCP) (8,96 kg ha^{-1} respetivamente).

Verma *et al.* (2016) estudaram o estado de fertilidade dos principais solos de cultivo de cana-de-açúcar do Punjab e afirmaram que o P disponível variava de 10,4 a 39,2 kg ha^{-1} em solos superficiais.

Bharteey *et al.* (2017) verificaram que o teor de fósforo disponível no solo variava de 10,46 a 64,39 kg ha-1 com um valor médio de 25,79 kg ha-1 no distrito de Mirzapur, em Uttar-Pradesh.

Adat *et al.* (2017) revelaram que o teor de fósforo disponível nos solos de Hingoli tehsil variou entre 5,28 e 20,07 kg ha^{-1} com um valor médio de 10,09 kg ha^{-1} e de Sengaon tehsil variou entre 5,73 e 21,14 kg ha^{-1} com um valor médio de 10,81 kg ha^{-1} .

Kumar *et al.* (2018) Foi efectuada uma experiência de campo para avaliar o crescimento, o rendimento, os atributos de qualidade e as características do solo sob diferentes espécies de árvores agroflorestais no Centro de Investigação Agroflorestal, Universidade de Agricultura e Tecnologia G.B. Pant, tendo os resultados revelado que o teor de fósforo disponível variava entre 15,2 e 17,6 kg ha^{-1} .

Malavath e Thurpu (2019). Foi realizado um estudo para avaliar o estado nutricional dos solos de cultivo de curcuma (Curcuma longa L.) em relação ao nemátodo das galhas do distrito de Nizamabad, Telangana. Foram escolhidas vinte e oito aldeias representativas e, no total, foram recolhidas vinte e oito amostras de solo à superfície (0-15 cm), que foram analisadas para determinar o teor de N, P, K e micronutrientes disponíveis. Os resultados revelaram que o teor de fósforo disponível variava entre 14,0 e 34,0 kg ha^{-1} .

Potássio disponível

Gopalkrishna *et al.* (1997) estudaram as características físico-químicas dos solos de cultivo de curcuma da estação regional de *investigação* agrícola de Jagital, Telangana, e indicaram que o potássio disponível era de 302 kg ha^{-1} nos solos de cultivo de curcuma.

Senthil Kumar *et al.* (2004) estudaram os solos de cultivo de curcuma do distrito de Coimbatore e revelaram os resultados do efeito de estrumes orgânicos enriquecidos com zinco e da aplicação de solubilizador de zinco no rendimento, na curcumina e no estado nutricional do solo sob cultivo de curcuma, tendo mostrado que o teor de potássio do campo experimental era de 255 kg ha^{-1} .

Perni (2005) estudou os solos de cultivo de curcuma do distrito de Guntur e referiu que o potássio disponível variava entre 444 e 1068 kg ha^{-1} com um valor médio de 756 kg ha^{-1} nos solos das zonas de cultivo de curcuma do distrito de Guntur.

Adat *et al.* (2017) mostraram que o potássio disponível variou de 129,70 a 1053,40 kg ha^{-1} com um valor médio de 498,59 kg ha^{-1} de Hingoli e 206,50 a 910,30 kg ha-1 com um valor médio de 485,30 kg ha^{-1} em Sengaon tehsil.

Nirawar *et al.* (2009) estudaram as características físico-químicas dos solos de Ahemedpur tehsil do distrito de Latur e mostraram que o potássio disponível era inferior a 210,96 kg ha^{-1} nos solos da aldeia de Takalgaon e variava entre 207,98 e 213,13 kg ha^{-1} e o valor mais elevado de potássio foi registado nos solos da aldeia de Andori, variando entre 362,88 e 654,66 kg ha^{-1} Ahemedpur tehsil do distrito de Latur.

Waikar *et al.* (2014) estudaram a avaliação dos principais índices do solo e a sua relação com algumas propriedades físico-químicas do solo de Tehsils do Norte (Jintur, Selu e Pathri) do distrito de Parbhani. Relataram que o potássio disponível variou de 190,05 a 1205,12 kg ha^{-1} com um valor médio de 581,68 kg ha^{-1} nos solos de Jintur, 305,76 a 1291,36 kg ha^{-1} com um valor médio de 807,21 kg ha^{-1} nos solos de Selu e 318,08 a 1285,76 kg ha^{-1} nos solos do tehsil de Pathri.

Boraiah *et al.* (2015) realizaram uma experiência com o pimento na Agricultural Research Station, Arsikere, Karnataka, para estudar as propriedades químicas do solo influenciadas pela aplicação de estrume de curral, medula de coco compostada e panchagavya ao pimento e os resultados mostraram que foram observadas diferenças significativas na disponibilidade de K2O (259,0 kg ha^{-1}) com o PCC em comparação com a aplicação de FYM (246,56 kg ha^{-1}). Entre os níveis de fertilidade.

Verma *et al.* (2016) estudaram o estado de fertilidade dos solos de cultivo de cana-de-açúcar de Punjab e descobriram que o potássio disponível era de 125,8 a 349,1 kg ha^{-1} no solo superficial.

Kumar *et al.* (2018) realizaram uma experiência de campo para avaliar o crescimento, o rendimento, os atributos de qualidade da curcuma e as características do solo sob diferentes espécies de árvores agroflorestais no Centro de Investigação Agroflorestal da Universidade G.B. Pant de Agricultura e Tecnologia, tendo os resultados revelado que o teor de potássio disponível varia entre 134,2 e 156,5 kg ha^{-1} .

Malavath e Thurpu (2019). Foi realizado um estudo para avaliar o estado nutricional dos solos de cultivo de curcuma (Curcuma longa L) em relação ao nemátodo das galhas do distrito de Nizamabad, Telangana. Foram escolhidas vinte e oito aldeias representativas e um total de vinte e oito amostras de solo à superfície (0-15 cm) foram recolhidas e analisadas quanto ao teor de potássio disponível, que variou entre 232 e 393 kg ha^{-1} .

Nutrientes secundários

Cálcio e magnésio permutáveis

Mandal *et al.* (2005) estudaram, entre 1990 e 1992 (os três anos), solos de Nagpur com encolhimento centenário em diferentes profundidades e verificaram que o cálcio permutável variava entre 18,50 e 39,34 Cmol (p^{+}) kg^{-1} .

Hirey *et al.* (2015) coletaram 180 amostras de solo do distrito de Tuljapur do distrito de Osmanbad e narraram que Ca e Mg trocáveis em Vertisols, Inceptisols e Entisols variaram de 15,00 a 68,00, 18,00 a 58,00 e 19,00 a 50,00 Cmol kg^{-1} e 1,00 a 38,00, 3,00 a 40,00 e 2,00 a 38,00 Cmol kg^{-1} respetivamente. O cálcio e o magnésio permutáveis mais elevados podem dever-se a um material de origem homogéneo.

More *et al.* (1987), num estudo sobre solos afectados por sal na área de Purna, referiram que o cálcio permutável nos solos de Purna variava entre 11,80 e 22,50 Cmol (p+) kg^{-1} .

Jagdish Prasad *et al.* (2001) caracterizaram e classificaram quatro solos típicos de suporte de laranja de encolhimento no distrito de Nagpur. Os solos de Selu e Nimji eram bem drenados, muito superficiais e superficiais em profundidade, sob basalto intemperizado, enquanto Gondkhairi (p3) e Gandhari (p4) eram ambos profundos, mas moderadamente bem drenados e imperfeitamente drenados, respetivamente. Verificou-se que o cálcio permutável variava entre 24.1 para 42,5 Cmol (p+) kg^{-1}

Hundal *et al.* (2006) estudaram o estado dos nutrientes disponíveis e dos metais pesados nos solos do Punjab, Noroeste da Índia. Foi referido que a concentração dos catiões dominantes disponíveis, cálcio e magnésio, nos solos do Punjab e do Noroeste da Índia se situava geralmente entre 3,16 e 316 mg kg^{-1} .

Ravte (2008) analisou os solos dos tahsils de Ausa e Nilanga do distrito de Latur e referiu que o teor de Ca^{++} nestes solos variava entre 11,05 e 50,7 cmol (p+) kg^{-1} , e o teor de Mg++ nestes solos variava entre 20,6 e 28,9 cmol (p+) kg^{-1} , respetivamente.

Bacchewar e Gajbhiye (2011) estudaram o estado dos nutrientes secundários e o efeito das propriedades do solo no seu estado em alguns solos do distrito de Latur. Os teores de Mg disponível variaram entre 7,0 e 36,0 cmol (p+) kg^{-1} com valores médios de 20 cmol (p+) kg^{-1} . As amostras de solo do distrito de Latur apresentaram um elevado teor de Mg permutável.

Medhe *et al.* (2012) estudaram a correlação entre as propriedades químicas, os nutrientes secundários e os aniões de micronutrientes dos solos de Chakur tahsil do distrito de Latur, Maharashtra. Cem amostras de solo de Chakur tahsil do distrito de Latur (M.S.) 22 foram recolhidas e analisadas quanto às suas propriedades químicas, nutrientes secundários e aniões de micronutrientes. O Ca permutável^{++} variou de 18,4 a 54,4 Cmol kg^{-1} .

Biradar *et al.* (2018) Estudos sobre a química do solo do distrito de Latur, Maharashtra, Índia, revelaram que o cálcio variava entre 22,6 e 36,2, sendo o valor mais elevado de Ca (36,2) registado em Chakurwadi e o valor mais baixo (22,6) em Wala. E o magnésio variou de 11,6 a 26,3, sendo o valor mais elevado (26,3) registado em Kamkheda e o valor mais baixo (11,6) em Ghansargaon, no distrito de Latur.

Enxofre disponível

Hirey *et al.* (2015) recolheram 180 amostras de solo do distrito de Tuljapur, em Osmanbad. O enxofre disponível no Vertisol, Inceptisol e Entisol variou entre 2,00 e 57,75, 1,23 e 30,50 e 1,50 e 42,75 mg 10,10 e 6,58 mg kg^{-1} . O S é inadequado nas amostras de solo devido à remoção contínua de S pelas culturas em sistemas de cultivo intensivo.

Ravte (2008) analisou os solos de Ausa e Nilanga tahsils do distrito de Latur e referiu que o teor de S disponível nestes solos variava entre 3,62 e 84,61 mg kg^{-1} , respetivamente.

Pandey *et al.* (2013) avaliaram a distribuição dos macronutrientes disponíveis nos solos do distrito de Dewas, em Madhya Pradesh, e referiram que o enxofre disponível variava entre 14,0 e 21,9 kg ha^{-1} com um valor médio de 17,6 kg ha^{-1} .

Waikar *et al.* (2014) estudaram a avaliação dos principais índices do solo e a sua relação com algumas propriedades físico-químicas do solo de Tehsils do Norte (Jintur, Selu e Pathri) do distrito de Parbhani. Indicou que o enxofre disponível variava entre 4,51 e 10,68 mg kg^{-1} . A suficiência do S disponível deve-se ao elevado teor de argila nos solos, que pode absorver quantidades variáveis de enxofre.

Sharma *et al.* (2015) observaram que o enxofre disponível na aldeia de Nignoti, no distrito de Indore, variava entre 5,02 e 35,66 kg ha^{-1} com um valor médio de 16,58 kg ha^{-1} . O teor baixo a moderado de enxofre pode dever-se à natureza gipsífera do enxofre, que não está disponível em solos negros.

Pandiraj *et al.* (2018) apresentaram que a concentração de enxofre nos solos do distrito de Purulia, em Bengala Ocidental, variava entre 2,00 e 23,18 ppm, com um valor médio de 13,10 ppm. Os níveis baixos e moderados de enxofre disponível devem-se à falta de adição de enxofre e à remoção contínua de S pelas culturas.

Parhad *et al.* (2018) avaliaram o estado dos nutrientes macro e secundários de Sindkheda tahsil do distrito de Dhule e verificaram que os nutrientes secundários (Ca, Mg e S) variavam entre 20,0 e 35,80 (c mol (p+) kg^{-1}), 10,00 e 19,80 e 7,8 e 45,56 kg ha^{-1} .

Kashiwar *et al.* (2019) estudaram os solos de Sakoli tehsil do distrito de Bhandara de (MS) e narraram que, o enxofre disponível variou de 0,09 a 42,11 kg ha^{-1} o valor mais baixo (0,09 S kg ha^{-1}) relatou que em khandala e alto enxofre (42,11 kg ha^{-1}) em Amgaon.

Hadole *et al.* (2020) indicaram que o enxofre disponível nos solos do distrito de Solapur variava entre 1,13 e 31,56 kg^{-1} . A baixa concentração de enxofre disponível no solo superficial pode dever-se ao cultivo intensivo de culturas e à aplicação de fertilizantes sem enxofre

Micronutrientes (Fe, Cu, Mn e Zn)

Ferro (Fe)

Senthil Kumar *et al.* (2004) estudaram os solos de cultivo de açafrão-da-terra do distrito de Coimbatore e os resultados indicaram que o Fe extraível por DTPA no campo experimental de açafrão-da-terra era de 6,2 mg kg^{-1} durante o estudo sobre o efeito de adubos orgânicos enriquecidos com Zn e solubilizador de zinco no rendimento, curcumina e estado nutricional dos solos sob cultivo de açafrão-da-terra.

Perni (2005) estudou solos de cultivo de açafrão-da-terra do distrito de Guntur e referiu que o valor médio do teor de ferro extraível por DTPA dos solos variava entre 2,8 e 5,7 ppm nos solos de cultivo de açafrão-da-terra do distrito de Guntur.

Verma *et al.* (2014) analisaram o estado dos nutrientes nas zonas de cultivo de cana-de-açúcar do distrito de Haridwar, em Uttarakhand, e verificaram que o Fe extraível por DTPA variava amplamente entre 11,52 e 55,44 mg kg^{-1} com um valor médio de 18,47 mg kg^{-1} .

Gajare *et al.* (2015) revelaram que a gama de Fe disponível nos solos de cultivo de soja do distrito de Latur variou entre 0,48 e 17,1 mg kg^{-1} com valor médio de 6,10 mg kg^{-1} . Isso ocorreu devido à presença de minerais como magnetita, feldspato, hematita e limonita que, juntos, constituem a maior parte da rocha armadilha nos solos.

Mandavgade *et al.* (2015) avaliaram o estado de micronutrientes dos tahsils do norte do distrito de Parbhani e descobriram que o Fe extraível por DTPA em Jintur variou de 2,59 a 20.80 mg kg^{-1} com valor médio de 5,95 mg kg^{-1} , em Selu variou de 2,32 a 12,97 mg kg^{-1} com um valor médio de 7,38 mg kg^{-1} e de Pathri variou de 2,90 a 12,57 mg kg^{-1} com valor médio de 7,33 mg kg^{-1} .

Verma *et al.* (2016) estudaram o estado de fertilidade dos solos de cultivo de cana-de-açúcar do Punjab. Relataram que o Fe extraível por DTPA variou de 13,68 a 65,28 mg kg^{-1} em solos de cultivo de cana-de-açúcar do Punjab.

Choudhari *et al.* (2017) analisaram micronutrientes de solos do distrito de Beed e sugeriram que o teor de Fe extraível por DTPA destes solos variava entre 0,48 e 4,98 mg kg^{-1} com um valor médio de 2,21 mg kg^{-1} .

Jagtap *et al.* (2018) observaram que o ferro disponível variava entre 1,56 e 6,54 mg kg^{-1} com um valor médio de 4,35 mg kg^{-1} na aldeia de Ajang em Dhule tahsil. A suficiência do teor de ferro deve-se à quantidade adequada de matéria orgânica e, em alguns casos, à falta de humidade.

Kumara e Hundekar (2018), sobre o estado de fertilidade do solo da microbacia hidrográfica de Hittnalli, no distrito de Vijyapur, em Karnataka, referiram que o teor de DTPA-Fe na microbacia hidrográfica variava entre 2,24 e 5,64 mg kg^{-1} , com um valor médio de 4,17 mg kg^{-1} . O baixo teor de ferro no solo deveu-se à precipitação de Fe pelo $CaCO_3$, o que levou a uma menor disponibilidade.

Malavath e Thurpu (2019). Foi realizado um estudo para avaliar o estado nutricional dos solos de cultivo de curcuma (Curcuma longa L.) em relação ao nemátodo das galhas do distrito de Nizamabad, Telangana. Foram escolhidas vinte e oito aldeias representativas e um total de vinte e oito amostras de solo de superfície (0-15 cm) foram recolhidas e analisadas quanto ao teor de Fe extraível DTPA disponível, que variou de 3,93 a 20,60 mg kg^{-1} .

Zinco (Zn)

Senthil Kumar *et al.* (2004) estudaram os solos de cultivo de curcuma do distrito de Coimbatore e revelaram os resultados do estudo do efeito de adubos orgânicos enriquecidos com Zn e da aplicação de solubilizadores de zinco no rendimento, no teor de curcumina e no estado nutricional dos solos cultivados com curcuma, tendo verificado que o Zn extraível com DTPA no campo experimental era de 0,91 mg kg^{-1} .

Jhansi Perni (2005) estudou solos de cultivo de açafrão-da-terra do distrito de Guntur e relatou que o Zn extraível por DTPA disponível variava de 1,02 a 4,38 ppm com um valor médio de 2,7 ppm em solos de cultivo de açafrão-da-terra do distrito de Guntur.

Waghmare *et al.* (2008) revelaram que o teor de Zn disponível em Ausa tahsil de Latur variava entre 0,28 e 1,82 mg kg^{-1} com um valor médio de 0,62 mg kg^{-1} , de acordo com os seguintes resultados, estes solos eram marginais na disponibilidade de Zn. Em condições alcalinas, os catiões de Zn carregam-se em grande parte para os seus hidróxidos, reduzindo assim a disponibilidade de zinco.

Verma *et al.* (2014) mostraram que o Zn extraível por DTPA variou de 0,48 a 3,76 mg kg^{-1} com valor médio de 1,15 mg kg^{-1} em solos de cultivo de cana-de-açúcar do distrito de Haridwar.

Mandavgade *et al.* (2015) estudaram a avaliação do estado dos micronutrientes nos solos e a sua relação com algumas propriedades químicas dos solos dos tahsils do norte (Jintur, Selu e Pathri) do distrito de Parbhani. Relataram que o teor de Zn disponível nas amostras de solo variava entre 0,07 e 1,29 mg kg^{-1} com um valor médio de 0,43 mg kg^{-1} no tahsil de Jintur, 0,11 e 3,16 mg kg^{-1} com um valor médio de o,41 mg kg^{-1} em Selu e 0,04 e 1,72 mg kg^{-1} com um valor médio de 12,16 mg kg^{-1} em Pathri. O baixo teor de Zn no solo pode dever-se ao facto de, em condições alcalinas, os catiões de Zn se transformarem em grande parte nos seus óxidos ou hudroxidos, diminuindo a disponibilidade de zinco.

Verma *et al.* (2016) estudaram o estado de fertilidade dos solos de cultivo de cana-de-açúcar de Punjab. Os resultados revelaram que o Zn extraível por DTPA variou de 0,52 a 3,32 mg kg^{-1} em solos de cultivo de cana-de-açúcar de Punja

Chaudhari *et al.* (2017) estudaram o estado nutricional dos solos no distrito de Beed e mostraram que o Zn extraível por DTPA variou de 0,10 a 5,60 ppm com média de 1,13 ppm em Parali, 0,43 a 1,58 ppm com média de 0,43 ppm em Georai, 0.21 a 1,00 ppm com uma média de 0,47 ppm em Ashti, 0,15 a 0,37 ppm com uma média de 0,25 ppm em Patoda, 0,01 a 0,52 ppm com uma média de 0,26 ppm em Majalgaon e em Beed variou entre 0,16 e 1,39 ppm com uma média de 0,48 ppm.

Singh *et al.* (2017) estudaram o estado de fertilidade do solo do bloco Majhwa do distrito de Mirzapur da UP oriental, na Índia, e indicaram que o zinco extraível por DTPA variava entre 2,53 e 3,11 mg kg^{-1} com uma média de 2,78 mg kg^{-1} .

Malavath e Thurpu (2019) Foi efectuado um estudo para avaliar o estado nutricional dos solos de cultivo de curcuma (Curcuma longa L.) em relação ao nemátodo das galhas do distrito de Nizamabad, Telangana. Foram escolhidas vinte e oito aldeias representativas e um total de vinte e oito amostras de solo à superfície (0-15 cm) foram recolhidas e analisadas quanto ao teor de Zn disponível. O estado do DTPA Zn disponível variou de 0,07 a 6,18 mg kg^{-1} .

Cobre (Cu)

Senthil Kumar *et al.* (2004) estudaram os solos de cultivo de curcuma do distrito de Coimbatore e revelaram os resultados do estudo do efeito de adubos orgânicos enriquecidos com Zn e da aplicação de solubilizadores de zinco no rendimento, no teor de curcumina e no estado nutricional dos solos cultivados com curcuma, tendo verificado que o cobre extraível por DTPA no campo experimental era de 5,9 mg kg^{-1} .

Perni (2005) estudou solos de cultivo de açafrão-da-terra do distrito de Guntur e referiu que o Cu extraível por DTPA disponível variava entre 2,90 e 5,30 ppm com um valor médio de 4,06 ppm nos solos de cultivo de açafrão-da-terra do distrito de Guntur.

Verma *et al.* (2014) mostraram que o Cu extraível com DTPA variou de 0,40 a 2,16 mg kg^{-1} com valor médio de 1,05 mg kg^{-1} em solos de cultivo de cana-de-açúcar do distrito de Haridwar.

Mandavgade *et al.* (2015) estudaram a avaliação do estado dos micronutrientes dos solos e a sua relação com algumas propriedades químicas dos solos dos tahsils do norte (Jintur, Selu e Pathri) do distrito de Parbhani. Relataram que o Cu extraível por DTPA variou de 0,75 a 6,54 mg kg^{-1} com valor médio de 2,55 mg kg^{-1} em Jintur tehsil, 0,55 a 3,02 mg kg^{-1} com valor médio de 1,55 mg kg^{-1} em Selu e 0,11 a 3,98 mg kg^{-1} com valor médio de 1,40 mg kg^{-1} de Pathri tehsil do distrito de Prabhani.

Verma *et al.* (2016) estudaram o estado de fertilidade dos solos de cultivo de cana-de-açúcar de Punjab. mostraram que o Cu extraível com DTPA variou de 0,72 a 2,84 mg kg^{-1} em solos de cultivo de cana-de-açúcar de Punjab.

Patil *et al.* (2019) referiram que o teor de Cu extraível com DTPA nos solos variava entre 0,63 e 6,66 mg kg[-1] com um valor médio de 2,60 mg kg[-1] de Washi tehsil do distrito de Osmanabad.

Malavath e Thurpu (2019) realizaram um estudo para avaliar o estado nutricional dos solos de cultivo de curcuma (Curcuma longa L.) em relação ao nemátodo das galhas do distrito de Nizamabad, Telangana. Foram escolhidas vinte e oito aldeias representativas e recolhidas e analisadas um total de vinte e oito amostras de solo de superfície (0-15 cm), tendo-se verificado que o estado do Cu extraível por DTPA variava entre 0,60 e 11,52 mg kg[-1].

Waghmare *et al.* (2008) estudaram as propriedades químicas e o estado dos micronutrientes de alguns solos de Ausa tahsil de Latur, Maharashtra. Relataram que o teor de cobre extraível variava de 0,36 a 11,00 mg kg[-1] com um valor médio de 4,07 mg kg[-1]. O elevado teor de cobre no solo deve-se à presença de minerais de cobre como a cuprite e a calcocite no material de origem.

Manganês (Mn)

Senthil Kumar *et al.* (2004) estudaram o efeito de adubos orgânicos enriquecidos com Zn e da aplicação de solubilizadores de zinco no rendimento, no teor de curcumina e no estado nutricional dos solos cultivados com curcuma e verificaram que o Mn extraível com DTPA no campo experimental era de 5,9 mg kg[-1].

Perni (2005) estudou solos de cultivo de açafrão-da-terra do distrito de Guntur e relatou que o Mn extraível por DTPA disponível variava de 11,12 a 46,3 ppm com um valor médio de 28,7 ppm em solos de cultivo de açafrão-da-terra do distrito de Guntur.

Waghmare *et al.* (2008), que estudaram as propriedades químicas e o estado dos micronutrientes de alguns solos de Ausa tahsil de Latur, Maharashtra, revelaram que o teor de Mn disponível nos solos de Ausa tahsil variava entre 1,23 e 13,57, com um valor médio de 7,57 mg kg[-1]. O teor mais elevado de Mn pode dever-se ao facto de o Mn ser mais solúvel do que o Mn em estado de oxidação mais elevado a um pH normal do solo.

Verma *et al.* (2014) mostraram que o Mn extraível por DTPA variou de 9,60 a 47,66 mg kg^{-1} com valor médio de 1,05 mg kg^{-1} em solos de cultivo de cana-de-açúcar do distrito de Haridwar.

Gajare *et al.* (2014) verificaram que o estado do Mn DTPA dos solos de cultivo de soja do distrito de Latur variava entre 0,16 e 21,12 mg kg^{-1} com um valor médio de 5,32 mg kg^{-1} . O estado atual do Mn disponível pode dever-se ao facto de o estado de oxidação mais baixo do Mn ser mais solúvel do que o estado de oxidação mais elevado na gama normal de pH do solo e à oxidação do Mn divalente^{++} em Mn trivalente^{++} por determinados microrganismos ou libertado pela exsudação das raízes.

Mandavgade *et al.* (2015) estudaram a avaliação do estado dos micronutrientes nos solos e a sua relação com algumas propriedades químicas dos solos dos tahsils do norte (Jintur, Selu e Pathri) do distrito de Parbhani.26 a 20,62 mg kg^{-1} com valor médio de 13,07 mg kg^{-1} no tehsil de Jintur, 2,32 a 12,97 mg kg^{-1} com valor médio de 7,38 mg kg^{-1} em Selu e 3,74 a 28,14 mg kg^{-1} com valor médio de 12,16 mg kg^{-1} do tehsil de Pathri do distrito de Parbhani.

Verma *et al.* (2016) estudaram o estado de fertilidade dos solos de cultivo de cana-de-açúcar de Punjab. Relataram que o Mn extraível com DTPA variou de 10,84 a 57,20 mg kg^{-1} em solos de cultivo de cana-de-açúcar de Punjab.

Patil *et al.* (2019) referiram que o teor de Mn extraível com DTPA nos solos variava entre 1,30 e 12,40 mg kg^{-1} com um valor médio de 6,10 mg kg^{-1} de Washi tehsil do distrito de Osmanabad.

Malavath e Thurpu (2019) Foi efectuado um estudo para avaliar o estado nutricional dos solos de cultivo de curcuma (Curcuma longa L.) em relação ao nemátodo das galhas do distrito de Nizamabad, Telangana. Foram escolhidas vinte e oito aldeias representativas e recolhidas e analisadas um total de vinte e oito amostras de solo à superfície (0-15 cm). O teor de Mn extraível por DTPA destes solos variou entre 5,75 e 24,40 mg kg^{-1} .

Boro disponível

Hundal *et al.* (2006) estudaram os solos do Panjab, no noroeste da Índia, e referiram que o teor de B disponível variava entre 0,51 mg kg^{-1} nas planícies do Piemonte e 1,46 mg kg^{-1} , nos solos das colinas de Shiwalik.

Sawashe (2008) verificou que o boro disponível variava entre 0,1-1,65 mg kg^{-1} com um valor médio de 0,30 mg kg^{-1} em Latur tahsil, enquanto em Renapur tahsil, variava entre 0,1-1,60 mg kg^{-1} com uma média de 0,66 mg kg^{-1} e os solos de Junner e Haveli tahsils do distrito de Pune variavam entre 0,19 e 0,67 mg kg^{-1} com um valor médio de 0,41 mg kg^{-1} .

Deshmukh *et al.* (2012) avaliaram o estado do boro disponível na área de Sangamner, distrito de Ahmednagar, e observaram que o boro disponível variava de 0,02 a 14,42 ppm. A deficiência de boro deve-se à condição de secagem do solo, que reduz a atividade microbiana e a mineralização do boro organicamente combinado.

Kondvilkar e Thakre (2015) estudaram o mapeamento do estado dos micronutrientes do solo com base no GPS-GIS e nas propriedades biológicas da aldeia de Ajang de Dhule tehsil do distrito de Dhule, em Maharashtra, e mostraram que o boro disponível nos solos variava entre 0,05 e 0,84 mg kg^{-1} com um valor médio de 0,56 mg kg^{-1} a deficiência de boro no solo deve-se a um teor mais elevado de CaCO3 e ao pH alcalino do solo.

Singh *et al.* (2017) estudaram o estado de fertilidade do solo do bloco Majhwa do distrito de Mirzapur de U.P. e referiram que o teor de boro no solo superficial e subsuperficial variava entre 1,23 e 1,47 e 0,96 e 1,11 mg kg^{-1} com um valor médio de 1,35 e 1,02 mg kg^{-1} respetivamente.

Jagtap *et al.* (2018) analisaram os solos da aldeia de Ajang de Dhule tehsil e observaram que o boro disponível nos solos variava entre 0,26 e 0,68 mg kg^{-1} com um valor médio de 0,50 mg kg^{-1} a quantidade adequada de B nos solos devido ao aumento do nível de matéria orgânica do solo.

Beg e chaurey (2018) estudaram o teor de boro disponível na bacia do Ganges, que variou de 0,2 a 16,8 ppm com um valor médio de 1,19 na bacia hidrográfica de Simrawal e de 0,03 a 2,48 ppm com um valor médio de 0,60 na bacia hidrográfica de Srawal, na bacia do Ganges (M.P.).

Magare *et al.* (2019) estudaram as características físico-químicas e o estado dos micronutrientes e nutrientes secundários disponíveis nos solos da sub-região agro-ecológica do distrito de Latur, em Maharashtra. revelaram que o B disponível variava entre 0,28 e 0,55 mg kg^{-1} . A deficiência de boro no solo deve-se à quantidade máxima de CaCO3 e ao pH alcalino do solo

2.2 Estudar o estatuto socioeconómico dos agricultores

Pachpute *et al.* (2023) estudaram as características socioeconómicas da soja na região de Marathwada, em Maharashtra. No caso das características socioeconómicas dos produtores de soja, observou-se que cerca de 48,33% dos agricultores pertenciam à faixa etária média (>35 a ≤50 anos). A maioria dos produtores de soja tinha educação até o nível secundário (V a X std.), com 28,33%. Cerca de 50,00 por cento dos produtores pertenciam a famílias de tamanho médio (5 a 7 membros). Em relação ao nível ocupacional, 81,67% dos produtores de soja pertenciam à agricultura. No caso da exploração operacional da terra, o grupo médio (>2 a ≤4 ha) foi considerado o máximo, com 35,00 por cento

Kshirsagar, (2008) estudou o impacto da agricultura biológica na economia e na eficiência da utilização da água na cultura da cana-de-açúcar em Maharashtra. O estudo baseia-se em dados primários recolhidos junto de agricultores que cultivam cana-de-açúcar biológica certificada (OS) e cana-de-açúcar inorgânica (IS) no distrito de Jalgaon, em Maharashtra, que é dependente de águas escassas e subterrâneas. O estudo conclui que o cultivo da cana-de-açúcar biológica aumenta o emprego de mão de obra humana em 20,2% e que o seu custo global de cultivo é também inferior em 14,67% ao do cultivo da cana-de-açúcar inorgânica. Embora o rendimento da OS seja 6,2% inferior ao da cultura convencional, é mais do que compensado pelo prémio de preço recebido e pela estabilidade do rendimento observada nas explorações OS. A agricultura OS dá 15,72% mais lucros e os lucros são também mais estáveis nas explorações OS do que nas explorações IS, aumentando assim o bem-estar económico dos agricultores OS. Crucialmente, a agricultura OS aumenta substancialmente a eficiência do uso da água (WUE) medida por diferentes indicadores. Assim, a agricultura de sistema operacional oferece amplas oportunidades para aumentar a renda dos agricultores e melhorar a eficiência do uso da água no cultivo de uma cultura de cana-de-açúcar altamente consumidora de água e importante no estado. Finalmente, o documento discute as questões emergentes e descreve a tarefa que se avizinha para fazer avançar a agricultura OS em Maharashtra.

Dupare *et al.* (2010) estudaram os problemas dos agricultores associados ao cultivo de soja em Madhya Pradesh, na Índia. Os resultados revelaram que, em comparação com os sistemas geneticamente modificados (GM) e não geneticamente (não-GM), os sistemas orgânicos tinham uma maior probabilidade (77%) de ter um menor potencial de aquecimento global. A ocupação do solo foi maior e a utilização de energia foi menor para os sistemas biológicos do que para os sistemas GM e não-GM em todos os níveis de probabilidade. No que respeita à rendibilidade, os sistemas biológicos tinham uma maior probabilidade (60%) de ter uma maior rendibilidade em comparação com a produção GM e não-GM, e o emprego era mais elevado para os sistemas biológicos em todos os níveis de probabilidade. Em geral, os resultados da simulação deste estudo ilustraram o nível relativamente elevado de variação no desempenho ambiental, económico e social dos sistemas de cultivo de soja biológica. Este estudo mostra que a contabilização da variabilidade nos principais parâmetros do sistema fornece não apenas uma visão dos resultados mais prováveis, mas também da robustez do desempenho do sistema.

Tawale e Pawar (2011) observaram o efeito das características socioeconómicas na produtividade da soja e os resultados revelaram que. A soja [Glycine max (L.) Merill.] é uma das principais culturas oleaginosas em Maharashtra. A produtividade é influenciada por factores sociais e económicos. O distrito de Latur foi selecionado propositadamente para o presente estudo,

devido à maior área cultivada com soja na região de Marathwada, em Maharashtra.

Os dados referiam-se ao ano de 2007-08. Utilizou-se uma análise tabular e ajustou-se aos dados uma função de regressão linear múltipla. Em geral, a idade do produtor de soja era de 47,94 anos. Observou-se que o agricultor estava a dar mais importância à educação. Em média, o tamanho da família era de 6,36 membros. Em geral, a dimensão da exploração era de 5,29 hectares. Os resultados revelaram que os coeficientes de regressão parcial da propriedade fundiária (0,2970), do investimento de capital (0,00778) e do efetivo pecuário (0,3454) eram positivos e significativos. Isto significa que a propriedade da terra, o investimento de capital em activos de uso comum e o gado influenciaram positivamente a produtividade da soja.

Mane *et al.* (2011) Os resultados revelaram que a utilização de mão de obra humana contratada foi superior à mão de obra humana familiar na produção de curcuma. A utilização de mão de obra humana contratada, mão de obra de boi e mão de obra mecânica aumentou com o aumento da dimensão da exploração. Por outro lado, a utilização de sementes, FYM, azoto, fósforo, potássio e mão de obra familiar diminuiu com o aumento da dimensão da exploração. O lucro líquido por hectare foi de Rs.352053.97 na pequena fazenda, seguido por Rs.344388.94 e Rs. 333662.36 na fazenda média e grande, respetivamente.

Sahoo *et al.* (2023) estudaram os condicionalismos percebidos pelos produtores de curcuma biológica no distrito de Kandhamal, em Odisha. O estudo foi realizado em 2019 para conhecer os condicionalismos percebidos pelos produtores de curcuma biológica no distrito de Kandhamal, em Odisha. O estudo considerou 7 dimensões principais no âmbito das quais foram considerados 30 condicionalismos; os dados foram devidamente analisados com a ajuda da análise de componentes principais. O resultado destas 7 dimensões de condicionalismos é posteriormente dividido em vários componentes com base no valor próprio. No âmbito dos constrangimentos gerais, 4 componentes identificadas com Eigen Value 3,055, 1,871, 1,278, 1,058 foram sequencialmente niveladas como escassez de adubo orgânico, ferramentas microbiológicas inacessíveis, má qualidade dos recursos e escassez de água. Nos constrangimentos tecnológicos, dois componentes com valor próprio de 2,498 e 1,518 foram nivelados como insumos dispendiosos com fraco apoio de conhecimentos e stress biótico, respetivamente. Nos constrangimentos da atividade de extensão, foram identificadas duas componentes: formação inadequada e formação imprópria, com valores próprios de 1,115 e 1,032, respetivamente. No caso das restantes 4 áreas principais, constrangimentos do mercado orgânico, constrangimentos económicos, constrangimentos sociais e outros constrangimentos, apenas um componente foi identificado com valores próprios de 4,623, 1,780, 1,506 e 1,318, respetivamente.

Kumar *et al.* (2016) efectuaram um estudo sobre as necessidades de formação dos produtores de curcuma nos distritos de Samastipur e Muzaffarpur, em Bihar. Os resultados revelaram que a maioria dos produtores de açafrão-da-terra pertence ao grupo etário avançado, é alfabetizada, possui uma pequena propriedade fundiária e tem baixos rendimentos. A percentagem máxima de inquiridos com idade superior a um ano tem uma motivação económica, uma intensidade de cultura e um nível de conhecimentos médios. Os resultados revelaram que a necessidade de formação em matéria de medidas fitossanitárias foi considerada a principal prioridade. As outras áreas importantes de cultivo em que os produtores de açafrão-da-terra mostraram o seu desejo foram a variedade de alto rendimento, o tratamento fungicida das sementes, o método de sementeira, a época de sementeira e a gestão dos fertilizantes. Os factores mais importantes que influenciam as necessidades de formação dos produtores de açafrão-da-terra em relação à produção de açafrão-da-terra foram a intensidade da cultura, a motivação económica e os conhecimentos, que se verificou estarem positiva e significativamente associados às necessidades de formação dos produtores de açafrão-da-terra. Estes factores devem ser tidos em conta na formulação de qualquer programa de formação. As outras variáveis independentes, como a educação familiar, a dimensão da propriedade fundiária e a superfície cultivada com curcuma, não conseguiram criar uma correlação tão positiva como no caso das outras variáveis independentes seleccionadas.

Gaikwad (2017) estudou o crescimento da cultura de curcuma no distrito de Sangli e revelou o resultado. Sangali tem a maior exposição à vulnerabilidade socioeconómica (0,62) e a menor em Wardha (0,38). A sensibilidade foi considerada mais elevada em Akola (0,68) e mais baixa em Sindhudurg (0,33). A capacidade de adaptação mais elevada foi identificada em Pune (0,56) e a mais baixa em Beed (0,19).

Chouhan *et al.* (2017) estudaram que os agricultores das aldeias de Basavanapura e Hejjige têm formação até ao ensino primário, mas ainda assim, devido ao conhecimento indígena do cultivo de árvores florestais nas terras agrícolas, promovem o cultivo de culturas hortícolas como a arecanut, o coco, a sapota e a banana com culturas agrícolas ou de pastagem para fins comerciais e as espécies de árvores florestais são cultivadas apenas em feixes ou de forma dispersa, enquanto os agricultores em grande escala cultivam plantações de teca (Tectona grandis L.) e o carvalho-prateado (Grevillea robusta L.) nas suas terras agrícolas para aumentar a eficiência da utilização dos recursos e das práticas de utilização das terras e através da introdução de empresas agro-florestais, a fim de produzir aumentos sustentáveis dos rendimentos e do nível de vida. Devido à alteração do clima e do padrão de precipitação, os agricultores estão a enfrentar muitos problemas que os levam a cultivar culturas alternativas como a cana-de-açúcar, o tomate, o pimentão, o ragi, o milho e as culturas hortícolas nas suas terras agrícolas. Tudo isto conduz à equidade social através do aumento do nível socioeconómico.

Perke *et al.* (2018) O presente estudo foi concebido para analisar as características socioeconómicas de produtores de soja seleccionados no distrito de Hingoli, em Maharashtra. A lista de agricultores produtores de soja foi recolhida a partir do registo de receitas de cada aldeia e de cada aldeia foram seleccionados dez cultivadores de soja, constituindo uma amostra total de 120. Quanto às características socioeconómicas dos produtores de soja, a maioria dos inquiridos pertencia ao grupo etário dos 30 a 45 anos (52,50%), enquanto 17,50% pertenciam ao grupo etário até 30 anos e 30,00% pertenciam ao grupo etário acima dos 45 anos. No que diz respeito ao nível de instrução, 72,50% dos inquiridos frequentaram o ensino secundário e 15,00% tinham formação até ao nível universitário, enquanto 12,50% dos inquiridos eram não alfabetizados. A dimensão média da família era de

5 pessoas e 67,50% dos inquiridos declararam ter a agricultura (primária) como ocupação principal. A dimensão média das terras dos produtores de soja era de 2,83 ha, dos quais 2,67 ha de área líquida semeada. A percentagem de área irrigada em relação à área total foi de 28,27%, enquanto a percentagem de área de sequeiro foi de 66,07%. A intensidade de cultivo foi de 145,69 por cento. A área média cultivada com soja foi de 1,70 ha, respetivamente. A área bruta cultivada foi de 3,89 hectares.

Karunakaran e Sadiq (2019) estudaram o aspeto socioeconómico das práticas de agricultura biológica para melhorar o rendimento dos agricultores em alguns locais de Kerala. A agricultura biológica é amiga do ambiente, promove o desenvolvimento sustentável, protege a fertilidade do solo e garante ao agricultor um rendimento das colheitas a longo prazo. Em 2018, a área total abrangida pelo processo de certificação biológica é de 3,56 milhões de hectares e produziu cerca de 1,70 milhões de toneladas métricas (MT) de produtos biológicos certificados. Em Kerala, a área total de agricultura biológica é de 15790,49 hectares. Os agricultores biológicos não conseguem conquistar o mercado para vender os seus produtos e têm menos capacidade no mundo concorrencial, o que conduz a uma pior situação financeira dos agricultores. O volume total das exportações em 2017-18 foi de 4,58 lakh MT. O comércio equitativo floresceu como uma iniciativa para elevar os agricultores biológicos pobres, proporcionando preços mais elevados, crédito e uma vida comunitária melhorada. É também um mercado para produtos de elevado valor no âmbito das políticas comerciais globais. A Fair Trade Alliance Kerala (FTAK) é uma organização de pequenos agricultores que tem por objetivo aceder ao mercado mundial através do comércio justo em condições comerciais equitativas e melhorar os rendimentos. O sistema proporciona melhores preços aos produtos em comparação com o mercado livre e beneficia as exportações de comércio justo. O presente documento, ao estudar o FTAK, centrou-se nos seus impactos sobre os rendimentos e destaca o aumento da produção de culturas biológicas, melhores preços, prémios e regimes para os agricultores. O estudo revelou que os agricultores que praticam o comércio equitativo obtiveram preços mais elevados (20 a 50%) pelos produtos de base e pela comercialização dos produtos no estrangeiro sem intermediários e que a agricultura biológica é uma melhor opção para aumentar o rendimento dos agricultores na Índia. O estudo revelou que os agricultores que praticam o comércio equitativo obtêm preços mais elevados (20 a 50%) pelos produtos de base e pela comercialização dos produtos no estrangeiro sem intermediários e que a agricultura biológica é a melhor opção para aumentar o rendimento dos agricultores na Índia.

Dhok *et al.* (2020) realizaram um estudo para conhecer as características socioeconómicas dos produtores de curcuma e os índices sazonais da curcuma no distrito de Sangali, em Maharashtra. Foi utilizada uma amostragem em várias fases. No distrito de Sangali, foram seleccionadas aleatoriamente seis aldeias de Miraj e Palus tehsil. A informação relativa ao objetivo foi recolhida de 60 amostras de produtores de açafrão-da-terra das aldeias seleccionadas. Dados relativos ao ano agrícola de 2015-16. A percentagem, a média e o desvio-padrão foram utilizados para aceder à condição socioeconómica dos inquiridos, enquanto o coeficiente de variação foi utilizado para testar a hipótese declarada. Os resultados revelaram que a idade média dos inquiridos era de 44,83 anos. Relativamente ao nível de educação, a pontuação encontrada foi de 2,6. O tamanho médio da família dos inquiridos do açafrão-da-terra foi de 5,5. A média de cabeças de gado, no que diz respeito aos animais leiteiros e ao par de bois dos agricultores seleccionados, foi de 2,75 e 0,73, respetivamente. A pontuação média do nível profissional foi de 1,45. A dimensão média das explorações dos produtores de laranja doce era de 2,62 ha, sendo a superfície líquida semeada de 2,41 ha. A área média de dupla cultura foi de 1,07 ha. A intensidade de cultivo foi de 144,40 por cento. A área média cultivada com açafrão-da-terra foi de 1,30 ha. Os índices sazonais das chegadas mensais e dos preços da curcuma mostraram a extensão das flutuações das chegadas e dos preços de mês para mês.

Nagula et al. (2023) O presente estudo foi realizado no distrito rural de Warangal, em Telangana. Warangal é um dos principais produtores de curcuma, com uma área de 6676 hectares e uma produção de 333382 MT. A compreensão das características socioeconómicas das diferentes partes interessadas na cadeia de valor da curcuma contribui para o desenvolvimento de iniciativas, legislação e regulamentação adequadas, bem como de estratégias para dar resposta às suas necessidades e desafios específicos. Promove o desenvolvimento de práticas sustentáveis e equitativas de cultivo e comércio de curcuma que beneficiam todos os participantes na cadeia de valor.

Hatagale *et al.* (2023) Os dados foram analisados com a ajuda de uma análise tabular simples, utilizando ferramentas estatísticas como a média, a percentagem, a frequência e a percentagem. A área cultivada com o algodão Ajeet-199 Bt foi maior (1,40 ha), seguida pelo Rash-779 Bt (1,34 ha). Em geral, os produtores de algodão de meia-idade (>36 a <50 anos), ou seja, 43,75%, estavam mais envolvidos no cultivo do algodão Bt e a maioria deles (46,87%) tinha educação de nível primário. Mais de 76,56% dos produtores de algodão Bt tinham a agricultura como ocupação principal. No caso dos factores socioeconómicos, os agricultores opinaram que houve uma contribuição positiva e significativa do algodão Bt no seu rendimento e na redução do custo dos insumos, aumentando assim o rendimento agrícola, o nível de vida, o nível educacional, o emprego e a equidade.

CAPÍTULO 3: MATERIAIS E MÉTODOS

A investigação foi conduzida sobre "**Avaliação da qualidade do solo em açafrão-da-terra cultivado organicamente em Vasmat tahsil do distrito de Hingoli**". A presente investigação foi realizada com o objetivo de avaliar o estado dos nutrientes do solo das áreas de cultivo de curcuma em Vasmat tahsil do distrito de Hingoli. O material utilizado e os métodos adoptados durante o planeamento e a realização da experiência são apresentados no presente capítulo sob os seguintes títulos.

3.1 Sítio e localização

   3.2 Clima e pluviosidade

3.3 Recolha de amostras de solo

   3.4 Processamento da amostra de solo

3.5 Análise do solo

   3.6 Situação socioeconómica

3.1 Sítio e localização

O local experimental foi o tahsil Vasmat do distrito de Hingoli. Situa-se entre 190 13' 40" N e 19033'36" N de latitude e 76^0 54' 15" E e 77^0 20' 02" E de longitude e o nível médio do mar varia entre 364 e 540 metros.

3.2 Clima e pluviosidade

O clima desta região era quente e seco. Esta área inclui três tipos de estações, principalmente a monção, o inverno e o verão. A precipitação média anual foi de 956 mm. A estação das chuvas decorre entre junho e outubro, com temperaturas que variam entre 16 e 42 C^0.

3.3 Recolha de amostras de solo

A fim de estudar o estado nutricional dos solos de cultivo de curcuma em Vasmat tahsil do distrito de Hingoli, foi recolhida uma amostra de solo (0-20 cm de profundidade) com base no sistema de posicionamento global (GPS) na fase de senescência (janeiro a fevereiro). Cinquenta agricultores que utilizaram fertilizantes orgânicos nos seus campos foram seleccionados aleatoriamente em 12 aldeias diferentes com a ajuda da Agência de Gestão de Tecnologias Agrícolas (ATMA), Agricultura estatal, Departamento do distrito de Vasmat Hingoli, que estavam ligados a diferentes grupos de agricultura biológica de diferentes aldeias com (ATMA) Vasmat. As informações pormenorizadas relativas à recolha de amostras de solo são apresentadas no quadro 1

Quadro 3.1: Lista dos agricultores e das aldeias

Sr. no	Village	Sample No.	GPS Location	Name of Farmer
1.	Amba	V_1S_1	MSL-398 m	Ambekar Anant
			N 19.428972	
			E 77.163551	
2.	Amba	V_1S_2	MSL-402 m	Ambekar Madhav
			N 19.388731	
			E 71.602320	
3.	Amba	V_1S_3	MSL-406 m	Ambekar Sarita
			N 19.448868	
			E 77.153042	
4.	Dhanora	V_2S_1	MSL-394 m	Raut Dadarao
			N 19.317853	
			E 77.036983	
5.	Dhanora	V_2S_2	MSL-400 m	Raut Sambhaji
			N 20.273296	
			E 77.040861	
6.	Dhanora	V_2S_3	MSL-390 m	Raut Santosh
			N 19.337562	
			E 77.043980	
7.	Dhanora	V_2S_4	MSL-402 m	Raut Eknath
			N 19.312593	
			E 77.037981	
8.	Dhanora	V_2S_5	MSL-396 m	Solanke Suryabhan
			N 19.312301	
			E 77.028702	
9.	Dhanora	V_2S_6	MSL-388 m	Raut Dnyaneshwar
			N 19.315609	
			E77.025287	
10.	Dhanora	V_2S_7	MSL-387 m	Thorwat Rustam
			N 19.312444	
			E 77.012365	
11.	Dhanora	V_2S_8	MSL-379 m	Hirawe Vishnu
			N 19.396243	
			E 76.204561	
12.	Dhanora	V_2S_9	MSL- 382 m	Hirawe Shamrao
			N 19.389092	
			E76.201030	
13.	Hayatnagar	V_3S_1	MSL-397 m	Sakre Gangadhar
			N 19.283823	
			E 77.062793	
14.	Lingi	V_4S_1	MSL-398 m	Yashwante Vishwanath
			N 19.287472	
			E 77.055087	
15.	Lingi	V_4S_2	MSL-379 m	Yashwante Shrikant
			N 19.292511	
			E 77.056717	

16.	Lingi	V_4S_3	MSL-365 m	Wakde Ganesh
			N 19.295463	
			E 77.058612	
17.	Mohamadpurwadi	V_5S_1	MSL-410 m	Jatale Haridas
			N 19.325033	
			E 77.326985	
18.	Mohamadpurwadi	V_5S_2	MSL-393 m	Jatale Shivaji
			N 19.324569	
			E 77.326579	
19.	Mohamadpurwadi	V_5S_3	MSL-406 m	Jatale Vinayak
			N 19.338520	
			E 77.327340	
20.	Pimparala	V_6S_1	MSL-410 m	Kadam Gangadhar
			N 19.403463	
			E 77.188759	
21.	Pimparala	V_6S_2	MSL-410 m	Kadam Sanjay
			N 19.403464	
			E 77.188760	
22.	Pimparala	V_6S_3	MSL- 402 m	Kadam Sanket
			N 19.403472	
			E 77.188780	
23.	Pimparala	V_6S_4	MSL- 406 m	Kadam Sahebrao
			N 19.403471	
			E 77.188783	
24.	Pimparala	V_6S_5	MSL-403 m	Kadam Balaji
			N 19.403473	
			E 77.188783	
25.	Pimparala	V_6S_6	MSL-408 m	Kadam Govind
			N 19.403476	
			E 77.1887685	
26.	Pimparala	V_6S_7	MSL- 398 m	Kadam Narsingh
			N 19.404179	
			E 77.188924	
27.	Pimparala	V_6S_8	MSL-398 m	Kadam Ganesh
			N 19.404145	
			E 77.188987	
28.	Pimparala	V_6S_9	MSL-404 m	Kadam Dipak
			N 19.404198	
			E 77.188945	
29.	Pimparala	V_6S_{10}	MSL-408 m	Kadam Raju
			N 19.404181	
			E 77.188996	
30.	Phata	V_7S_1	MSL-396 m	Kadam Baliram
			N 19.358435	
			E 77.088127	
31.	Phata	V_7S_2	MSL 400 m	Kakade Aatmaram
			N 19.358734	
			E 77.087806	
32.	Raywadi	V_8S_1	MSL-390 m	Jamdale Baliram
			N 19.312551	
			E 77.038188	
33.	Pangrasati		MSL-387 m	Bhosle Ashok

		V_9S_1	N 19.335049	
			E 77.124147	
34.	Pangrasati	V_9S_2	MSL-387M	Harne Govind
			N 19.335647	
			E 77.124277	
35.	Pangrasati	V_9S_3	MSL-373 m	Harne Raosaheb
			N 19.336713	
			E 77.124306	
36.	Pangrasati	V_9S_4	MSL-371 m	Harne Sahebrao
			N 19.336552	
			E 77.123824	
37.	Pangrasati	V_9S_5	MSL-392 m	Kadam Gajanan
			N 19.351097	
			E 77.125278	
38.	Pangrasati	V_9S_6	MSL-392 m	Kadam Narsingh
			N 19.381045	
			E 77.125193	
39.	Pangrasati	V_9S_7	MSL-376 m	Kharate Laxman
			N 19.350933	
			E 77.123185	
40.	Pangrasati	V_9S_8	MSL-386 m	Kharate Gangadhar
			N 19.351263	
			E 77.123881	
41.	Pangrasati	V_9S_9	MSL-390 m	Bokhare Ganpati
			N 19.355236	
			E 77.136359	
42.	Telgaon	$V_{10}S_1$	MSL-365 m	Raut Sambhaji
			N 19.335203	
			E 77.01734	
43.	Telgaon	$V_{10}S_2$	MSL-368 m	Borgad Pralhad
			N 19.335197	
			E 77.017446	
44.	Telgaon	$V_{10}S_3$	MSL-368 m	Raut Balasaheb
			N 19.345196	
			E 77.027444	
45.	Vasmat	$V_{11}S_1$	MSL-372 m	Kalyankar Sanjay
			N 19.327328	
			E 77.156671	
46.	Vasmat	$V_{11}S_2$	MSL-374 m	Shinde Sanjay
			N 19.326320	
			E 77.156034	
47.	Vasmat	$V_{11}S_3$	MSL-380 m	Deshpande Sham
			N 19.335784	
			E 77.158188	
48.	Vasmat	$V_{11}S_4$	MSL-382 m	Shinde Sudabai
			N 19.330803	
			E 77.158320	
49.	Hatta	$V_{12}S_1$	MSL-403 m	Chatte Tukaram
			N 19.205863	
			E 76.573652	
50.	Hatta	$V_{12}S_2$	MSL-409 M	Sawandkar Uttamrao
			N 19.206325	
			E 76.575263	

3.4 Processamento de amostras de solo

As amostras de solo recolhidas foram secas, trituradas num almofariz de madeira e passadas por um peneiro de 2 mm. Cada amostra foi bem misturada para ficar homogénea e conservada em sacos de polietileno devidamente rotulados para análise laboratorial.

3.5 Análise do solo

As amostras de solo foram utilizadas para estimar a densidade aparente, a densidade das partículas, a cor do solo, a capacidade de retenção de água, o pH, a CE, o carbono orgânico, o carbonato de cálcio livre, o azoto disponível, o fósforo e o potássio, o enxofre, o zinco extraível por DTPA, o ferro, o manganês, o cobre e o boro disponível. Os pormenores do procedimento adotado e as referências são apresentados a seguir.

3.5.1 Propriedades físicas

3.5.1.1 Densidade aparente

Foi determinado pela técnica de revestimento de torrões secos indicada por Blacke e Hartge (1986).

3.5.1.2 Densidade das partículas

Foi estimado pelo método do picnómetro (Chopra e Kanwar, 1976).

3.5.1.3 Capacidade de retenção de água

Esta propriedade foi estimada pelo método das caixas de Keen (Keen e Raczkowski, 1923).

3.5.1.4 Textura do solo

A textura do solo pode ser determinada pelo método do tato.

3.5.1.5 Cor do solo

Determinação da cor do solo através da tabela de cores de Munsell. (Munsell 1913)

3.5.2 Propriedades químicas

3.5.2.1 pH do solo

O pH do solo foi determinado em suspensão de água do solo (rácio 1:2,5) utilizando um medidor de pH digital (Jackson, 1973).

3.5.2.2 Condutividade eléctrica

Foi estimada em suspensão de água no solo (rácio 1:2,5) utilizando um medidor de condutividade digital (Jackson, 1973).

3.5.2.3 Carbono orgânico

Foi avaliado pelo método de titulação rápida de Walkely e Black, tal como descrito por Jackson (1958).

3.5.2.4 Carbonato de cálcio

O carbonato de cálcio livre foi determinado pelo método de titulação rápida descrito por Piper (1966).

3.5.3 Macro nutrientes disponíveis no solo

3.5.3.1 Azoto disponível

Foi determinado utilizando o método do permanganato de potássio alcalino como sugerido por Subbiah e Asija (1956).

3.5.3.2 Fósforo disponível

Foi determinado utilizando bicarbonato de sódio 0,5 M como agente de extração, conforme descrito por Olsen *et al.* (1967).

3.5.3.3 Potássio disponível

Esta foi estimada utilizando acetato de amónio normal neutro como extrator e o extrator foi submetido ao fotómetro de chama (Jackson, 1967).

3.5.3.4 Cálcio e magnésio permutáveis

O cálcio e o magnésio permutáveis foram determinados em amostras com menos de 2 mm por lixiviação com solução de NaCl 1N (piper) e titulação do lixiviado com solução padrão de EDTA, de acordo com o método de

(Richards, 1965).

3.5.3.5 Enxofre disponível

Foi determinado utilizando um extrato de 1:5 de solo e uma solução de 0,15 por cento de CaCl2 num espetrofotómetro a 340 nm (Willams e Steinberg, 1969).

3.5.3.6 Micronutrientes extraíveis por DTPA

Os micronutrientes no solo foram estimados de acordo com o procedimento descrito por Lindsay e Norvell (1978). Para este efeito, 10 g de solo finamente peneirado (0,5 mm) foram agitados em 20 ml de solução de DTPA 0,005M (dietileno triamina penta ácido acético contendo 0,1 M de tri etanol amina e 0,01 M de cloreto de cálcio, ajustado a pH 7,3 com HCl) durante duas horas e depois filtrados com papel de filtro Whatman n.º 42 e o filtrado foi sujeito a medição no espetrofotómetro de absorção atómica em diferentes comprimentos de onda para Fe, Zn, Mn e Cu.

3.5.3.7 Boro disponível

O boro solúvel em água quente (HWSB) nas amostras de solo foi determinado utilizando o reagente Azomethine-H e a medição do boro solúvel em água quente num espetrofotómetro de feixe duplo, tal como descrito por Berger e Truog (1939), utilizando Azomethine-H como agente corante.

3.6 Estatuto socioeconómico

O estatuto socioeconómico dos agricultores que cultivam açafrão-da-terra biológico foi estudado através de um questionário preparado, sendo todos os dados recolhidos junto dos agricultores através do método de entrevista pessoal presencial e os dados recolhidos são classificados de acordo com a norma estatística

CAPÍTULO 4: RESULTADOS E DISCUSSÃO

O estudo sobre a avaliação da qualidade do solo pelo açafrão-da-terra cultivado organicamente em Vasmat tahsil do distrito de Hingoli foi efectuado para avaliar as propriedades físicas e químicas e o estado dos nutrientes dos solos cultivados com açafrão-da-terra na fase de senescência. Os resultados obtidos com este estudo são apresentados neste capítulo em títulos, quadros e figuras adequados.

4.1 Propriedades físicas do solo orgânico de cultivo de açafrão-da-terra.

    4.1.1   Densidade a granel

    4.1.2   Densidade das partículas

    4.1.3   Capacidade de retenção de água

    4.1.4   Textura do solo

    4.1.5   Cor do solo

4.2 Propriedades químicas do solo orgânico de cultivo de açafrão-da-terra.

    4.2.1   Reação do solo

    4.2.2   Condutividade eléctrica

    4.2.3   Carbono orgânico

    4.2.4   Carbonato de cálcio

4.3 Estado dos macronutrientes do solo orgânico de cultivo de açafrão-da-terra.

    4.3.1   Azoto disponível

    4.3.2   Fósforo disponível

    4.3.3   Potássio disponível

    4.3.4   Enxofre disponível

4.4 Cálcio e magnésio permutáveis

    4.4.1   Cálcio permutável

    4.4.2   Magnésio permutável

4.5 Estado dos micronutrientes no solo orgânico de cultivo de açafrão-da-terra.

    4.5.1   Ferro extraível por DTPA

    4.5.2   Cobre extraível por DTPA

    4.5.3   Zinco extraível por DTPA

4.5.4   Manganês extraível por DTPA

4.5.5   Boro disponível

4.6 Situação socioeconómica dos agricultores que cultivam açafrão-da-terra biológico.

Foi estudado o estatuto socioeconómico dos agricultores e os seguintes factores.

4.6.1   Género

4.6.2   Idade

4.6.3   Nível de escolaridade

4.6.4   Situação profissional

4.6.5   Dimensão da exploração

4.6.6   Tipo de família

4.6.7   Dimensão do efetivo

4.6.8   Exploração de terras

4.6.9   Padrão de cultivo

4.6.10   Restrições e perspectivas

4.1.1 Propriedades físicas do solo orgânico de cultivo de açafrão-da-terra.

O presente estudo tem por objeto a avaliação da qualidade do solo através da cultura biológica de curcuma em Vasmat tahsil, no distrito de Hingoli. Foram seleccionados 50 agricultores em diferentes aldeias de Vasmat Tahsil, que adoptaram a agricultura e as culturas biológicas utilizando vários factores de produção biológicos para a produção de curcuma. Foram colhidas cinquenta amostras de solo à superfície, utilizando GPS, nos campos dos agricultores seleccionados, seguindo procedimentos normalizados e analisadas as propriedades físicas do solo.

As propriedades físicas têm grande impacto no crescimento das plantas e facilitam o apoio às plantas em crescimento, a penetração das raízes e as actividades microbianas influenciadas pelas condições físicas do solo. Algumas das propriedades físicas importantes, nomeadamente a densidade aparente, a densidade das partículas, a capacidade de retenção de água e a cor do solo dos solos orgânicos de cultivo de curcuma, foram avaliadas no presente estudo. Os dados relativos às propriedades físicas são apresentados no Quadro 4.1.

4.1.1 Densidade aparente

A densidade aparente dos solos orgânicos de cultivo de açafrão-da-terra de Vasmat tahsil variou entre 1,16 e 1,32 Mg m^{-3} com valor médio de 1,24 Mg m^{-3} (Tabela 4.1). A densidade aparente mais baixa, 1,16 Mg m^{-3}, foi observada na aldeia Amba, amostra nº ($v_{1}s_{1}$), Dhanora, amostra nº ($v_{2}s_{7}$) e Pimprala, amostra nº ($v_{6}s_{4}$) e o valor mais alto de densidade aparente, 1,32 Mg m^{-3}, foi observado na aldeia Lingi e Pangrasati, nas amostras nº ($v_{4}s_{3}$) e ($v_{9}s_{9}$), respetivamente.

Algumas amostras de solo tinham uma densidade aparente baixa devido à presença de matéria orgânica elevada e algumas amostras tinham um valor elevado de densidade aparente devido à presença de minerais de argila esmectite, resultados semelhantes foram também comunicados por Ewulo *et al.* (2008) na Universidade Federal da Nigéria. Badhole (2007), ao estudar os solos da quinta agrícola da MAU, Parbhani.

O aumento de insumos orgânicos como FYM, estrume de aves, composto, aumenta o conteúdo de matéria orgânica e diminui a densidade aparente do solo. Uma densidade aparente elevada do solo indica a sua compactação. Nos solos inchados, a densidade aparente diminui com o aumento do teor de humidade e vice-versa. Resultados semelhantes foram obtidos por Chavhan (2020) nos solos de cultivo de açafrão-da-terra de Vasmat tahsil.

4.1.2 Densidade das partículas

Os dados relativos à densidade de partículas do solo são apresentados no Quadro 4.1. Densidade de partículas significa a massa de uma unidade de volume de sólidos sedimentados com a adição de insumos orgânicos que diminui a densidade de partículas do solo e aumenta os espaços porosos que ajudam para o crescimento adequado da planta.

A densidade de partículas das áreas de cultivo orgânico de açafrão-da-terra do distrito de Vasmat é mostrada na Tabela 4.1, a densidade de partículas das áreas de cultivo orgânico de açafrão-da-terra varia de 2,27 a 2,59 Mg m⁻ 3. Neste caso, a densidade média das partículas de todas as amostras é de 2,41 Mg m⁻ 3. A densidade de partículas mais alta é encontrada na aldeia Vasmat, com 2,59 Mg m⁻ 3, e a mais baixa é encontrada na mesma aldeia, com 2,27 Mg m⁻ 3. Um resultado semelhante foi relatado por Singh e Mishra (2012).

4.1.3 Capacidade de retenção de água

A capacidade de retenção de água do solo orgânico de cultivo de açafrão-da-terra variou de 66,3 a 76,2% com valor médio de 70,5%. A capacidade de retenção de água mais baixa, 66,3 %, foi registada na aldeia de Pangrasati, na amostra n.º V9S3. V9S3, ao passo que a maior capacidade de retenção de água foi registada na aldeia de Dhanora, na amostra n.º V2S9. ᵥ₂ₛ₉.

A capacidade de retenção de água depende principalmente dos espaços porosos do solo devido à adição de insumos orgânicos no solo, como FYM, estrume de aves de capoeira, composto, que afecta diretamente os espaços porosos do solo, que aumentam e, portanto, a capacidade de retenção de água do solo aumenta. Os biofertilizantes adicionam mais matéria orgânica ao solo e criam mais espaços porosos para reter a água. Estes resultados estão em conformidade com Doifode (2021) e Thamraj, (2011).

4.1.4 Textura do solo

Os dados relativos à textura do solo são apresentados no Quadro 4.1, que revela que, entre as 50 amostras de Vasmat tahsil, 48 são de textura argilosa e apenas duas são de textura franco-argilosa, o que significa que a textura argilosa fina destes solos se deve a rochas basálticas extrusivas de cristalino fino. Bodale (2007) registou resultados semelhantes em relação aos solos da exploração agrícola de demonstração MAU, Parbhani.

4.1.5 Cor do solo

Os dados sobre as propriedades físicas do solo, apresentados no Quadro 4.1, revelam que o comprimento de onda espetral dominante da cor Munsell Hue 10YR e 7,5 dos solos apresentou variações de valor e de croma. A variação no valor variou de 3 a 5 e no croma de 1 a 4, de acordo com o sistema de cores de Munsell, em Vasmat tahsil os solos são castanho-escuro (10YR3/3), castanho-acinzentado escuro (10YR4/2), castanho-acinzentado (10YR5/2), castanho (10YR4/3), (7,5YR4/2), cinzento muito escuro (10YR3/1), solos com pouca variação no valor da cor e no croma, o que pode dever-se à reunião de minerais derivados de rochas basálticas. A cor castanha a castanha escura do solo derivado da rocha basáltica também foi registada por Yadav (2005) no solo da faculdade de agricultura, quinta de Latur.

Table 4.1 Physical properties of organic turmeric growing soil of Vasmat Tahsil.

Sr. No	Sample No.	Soil Texture	Bulk density (Mg m^{-3})	Particle density (Mg m^{-3})	WHC (%)	Colour Notation	Munsell soil colour
1	V_1S_1	Clay	1.22	2.28	69.3	10YR3/3	Dark Brown
2	V_1S_2	Clay	1.17	2.31	73.2	10YR4/2	Dark grayish brown
3	V_1S_3	Clay	1.16	2.36	74.9	10YR4/3	Brown
4	V_2S_1	Clay	1.19	2.45	72.5	7.5YR4/2	Brown
5	V_2S_2	Clay	1.28	2.50	74.2	7.5YR3/2	Dark brown
6	V_2S_3	Clay	1.19	2.34	66.3	10YR4/1	Dark gray
7	V_2S_4	Clay	1.21	2.38	71.3	10YR5/3	Brown
8	V_2S_5	Clay	1.23	2.35	70.0	7.5YR4/2	Brown
9	V_2S_6	Clay	1.19	2.29	72.0	10YR3/3	Dark brown
10	V_2S_7	Clay	1.16	2.45	73.0	10YR4/1	Dark gray
11	V_2S_8	Clay	1.27	2.52	69.4	10YR4/3	Brown
12	V_2S_9	Clay	1.24	2.46	76.2	7.5YR3/2	Dark brown
13	V_3S_1	Clay	1.22	2.42	68.9	7.5YR3/2	Dark brown
14	V_4S_1	Clay	1.19	2.38	71.6	10YR3/3	Dark Brown
15	V_4S_2	Clay	1.28	2.37	69.3	10YR5/3	Brown
16	V_4S_3	Clay	1.32	2.58	68.4	10YR4/1	Dark gray
17	V_5S_1	Clay	1.26	2.37	70.3	10YR4/3	Brown
18	V_5S_2	Clay	1.20	2.42	74.3	10YR4/3	Brown
19	V_5S_3	Clay	1.25	2.47	69.9	10YR4/1	Dark gray
20	V_6S_1	Clay	1.27	2.28	72.3	7.5YR3/2	Dark brown
21	V_6S_2	Clay Loam	1.29	2.32	71.6	10YR3/3	Dark brown
22	V_6S_3	Clay	1.28	2.39	74.6	10YR3/2	Very dark grayish brown
23	V_6S_4	Clay	1.16	2.37	72.3	10YR3/2	Very dark grayish brown
24	V_6S_5	Clay	1.29	2.45	72.4	10YR3/3	Dark brown
25	V_6S_6	Clay	1.25	2.48	67.5	10YR3/3	Dark Brown
26	V_6S_7	Clay	1.21	2.36	73.6	10YR4/2	Dark grayish brown
27	V_6S_8	Clay	1.24	2.34	68.3		

Table continued….

Sr. No	Sample No.	Soil Texture	Bulk density (Mg m^{-3})	Particle density (Mg m^{-3})	WHC (%)	Colour Notation	Munsell soil colour
28	V_6S_9	Clay Loam	1.19	2.38	73.3	10YR3/3	Dark brown
29	V_6S_1	Clay	1.30	2.52	66.9	7.5YR4/2	Brown
30	V_7S_1	Clay	1.17	2.32	68.4	10YR4/1	Dark gray
31	V_7S_2	Clay	1.22	2.40	70.9	10YR5/3	Brown
32	V_8S_1	Clay	1.25	2.49	72.5	10YR4/1	Dark gray
33	V_9S_2	Clay	1.19	2.35	70.3	10YR5/3	Brown
34	V_9S_1	Clay	1.20	2.43	71.2	10YR4/3	Brown
35	V_9S_2	Clay	1.31	2.48	66.3	10YR3/3	Dark Brown
36	V_9S_3	Clay	1.27	2.44	69.8	10YR4/1	Dark gray
37	V_9S_4	Clay	1.23	2.41	70.3	10YR4/1	Dark gray
38	V_9S_5	Clay	1.21	2.47	68.5	10YR3/3	Dark brown
39	V_9S_6	Clay	1.26	2.36	72.7	10YR3/2	Very dark grayish brown
40	V_9S_8	Clay	1.18	2.34	70.3	7.5YR4/2	Brown
41	V_9S_9	Clay	1.32	2.51	68.7	10YR3/2	Very dark grayish brown
42	$V_{10}S$	Clay	1.27	2.54	66.5	10YR3/3	Dark Brown
43	$V_{10}S$	Clay	1.31	2.39	68.4	7.5YR3/2	Dark brown
44	$V_{10}S$	Clay	1.22	2.43	72.6	7.5YR4/2	Brown
45	$V_{11}S_1$	Clay	1.29	2.27	69.3	7.5YR3/2	Dark brown
46	$V_{11}S_2$	Clay	1.31	2.59	66.1	10YR4/1	Dark gray
47	$V_{11}S_3$	Clay	1.19	2.28	65.3	10YR4/1	Dark gray
48	$V_{11}S_4$	Clay	1.30	2.5	68.4	10YR4/1	Dark gray
49	$V_{12}S_1$	Clay	1.30	2.58	70.2	10YR3/2	Very dark grayish brown
50	$V_{12}S_1$	Clay	1.27	2.52	71.6	7.5YR4/2	Brown
Mean			1.24	2.41	70.5		

4.2 Propriedades químicas de solos orgânicos de cultivo de açafrão-da-terra.

4.2.1 Reação do solo

Os dados relativos ao pH do solo são apresentados no Quadro 4.2 e a categorização da reação do solo é apresentada no Quadro 4.3 e na Figura 4.1. A reação do solo, indicada pelo seu pH, é uma medida do ião hidrogénio ou, mais frequentemente, da atividade do ião hidrogénio na suspensão do solo. À medida que a concentração de iões de hidrogénio na solução do solo aumenta, os valores do pH do solo diminuem, indicando um aumento da acidez. O pH do solo afecta o crescimento das raízes, a nutrição das culturas e a produção, afectando a disponibilidade de nutrientes e substâncias tóxicas, as actividades microbianas e outros processos do solo.

Os dados relativos ao pH do solo são apresentados no quadro 4.2. Na amostra recolhida, o valor mais baixo de pH foi observado na aldeia de Vasmat, pH 7,31, e o valor mais elevado foi registado na aldeia de Mohamdpurwadi, pH 7,81. Em geral, a gama de pH do tahsil de Vasmat variou de 7,31 a 7,81 com um valor médio de 7,51. Na fase de senescência, cerca de 42% das amostras de solo apresentavam uma reação normal e 58% das amostras de solo eram ligeiramente alcalinas.

A gama de pH diminuiu ligeiramente em comparação com a agricultura convencional do que com a agricultura biológica. A razão para este facto pode dever-se à utilização contínua de insumos orgânicos e à menor utilização de fertilizantes químicos sintéticos, bem como à aplicação de estrume de quinta, que liberta alguns ácidos orgânicos, o que resulta numa diminuição do pH. Boraiah *et.al* (2015) e Chavan (2020) obtiveram resultados semelhantes nos solos de cultivo de açafrão-da-terra de Vasmat tahsil, tendo encontrado uma gama de pH entre 7,32 e 8,12.

4.2.2 Condutividade eléctrica

Os iões e os sais solúveis permitem que a corrente eléctrica passe através deles. Assim, a condutividade eléctrica do solo e da água aumenta com o aumento do teor de sais solúveis no solo. Uma concentração elevada de sais solúveis no solo tem um efeito prejudicial no crescimento das plantas.

Os resultados relativos à condutividade eléctrica são apresentados na Tabela 4.2 e a categorização dos solos de cultivo de curcuma de Vasmat tahsil com base na categorização da condutividade eléctrica é tabulada na Tabela 4.4 e na Fig.4.2.

Os dados sobre a condutividade eléctrica indicaram que todas as amostras de solo testadas apresentavam uma CE normal, ou seja, < 2 dS m^{-1} . A condutividade eléctrica média do solo cultivado organicamente com curcuma variou entre 0,202 e 0,304 dSm^{-1} com uma média de 0,248 dSm^{-1} . A CE mais elevada, 0,304 dSm^{-1} , foi registada na amostra da aldeia de Mohamdpurwadi, ao passo que a CE mais baixa foi registada na aldeia de Vasmat, com 0,202 dSm^{-1} . Todas as amostras de solo de todas as aldeias são classificadas como seguras para o crescimento das culturas.

O baixo valor de CE devido à boa drenagem dos solos provoca a lixiviação de todos os sais solúveis dos solos da camada superficial. Os resultados são semelhantes às conclusões de Boraiah et.al (2015). A amostragem é efectuada em culturas em pé; as perdas por evaporação são baixas devido à presença de culturas em pé no campo e as práticas de irrigação contínua resultam na lixiviação de sais para a região inferior (Parni 2005). A saúde do solo e o rendimento das culturas tendem a melhorar quando o nível de carbono orgânico do solo aumenta. Um maior nível de carbono orgânico do solo promove a estrutura do solo ou a sua textura, o que significa que existe uma maior estabilidade física. Isto promove o arejamento do solo, a drenagem e a retenção da água, reduz o risco de erosão e a lixiviação de nutrientes.

4.2.3 Carbono orgânico

A saúde do solo e o rendimento das culturas tendem a melhorar quando o nível de carbono orgânico do solo aumenta. O carbono orgânico do solo mais elevado promove a estrutura do solo ou a sua textura, o que significa uma maior estabilidade física. Isto promove o arejamento do solo, a drenagem e a retenção da água, reduz o risco de erosão e a lixiviação de nutrientes.

O teor de carbono orgânico de cada amostra de solo é apresentado no Quadro 4.2 e a categorização do solo em baixo, médio e alto com base no teor de carbono orgânico do solo é apresentada no Quadro 4.5 e na Fig.4.3

O teor de carbono orgânico da amostra de solo varia consoante a aldeia. O teor de carbono orgânico mais baixo foi observado na amostra de Mohamdpurwadi (6,1 g kg^{-1}) e o teor de carbono orgânico mais elevado foi observado na aldeia de Phata e Pangrasati (9,9 g kg-^{1}).O intervalo de todas as amostras de solo testadas, em que o intervalo mínimo e máximo é de 6,1 g kg^{-1} a 9,9 g kg^{-1} com valor médio de 8,6 g kg^{-1} Entre todas as amostras de solo testadas, 6% das amostras de solo tinham um teor médio de carbono orgânico e 94% das amostras de solo tinham um teor elevado de carbono orgânico.

A disponibilidade de um teor de carbono orgânico baixo a médio neste solo deve-se à temperatura elevada da região de Marathwada e a uma menor sensibilização para a reciclagem da matéria orgânica e a práticas de gestão deficientes. (Ghuge *et al.* 2002). Enquanto o elevado teor de carbono orgânico se deve à adição de matéria orgânica ao solo sob a forma de FYM e resíduos de culturas. Estes resultados estão de acordo com as conclusões de Amit Kumar *et al.* (2018), que registaram 6,2 a 9,6 g kg^{-1} de carbono orgânico no desempenho da curcuma sob diferentes espécies de árvores agroflorestais na Universidade de Agricultura G. B. Pant, em Uttarakhand.

4.2.4 Carbonato de cálcio

O carbonato de cálcio é o agente cimentante que participa na ligação das partículas do solo através de um mecanismo físico-químico e cria uma estrutura estável do solo. Os dados sobre o carbonato de cálcio de amostras de solo recolhidas em áreas de cultivo de curcuma de Vasmat tahsil são apresentados no Quadro 4.2 e a categorização é apresentada no Quadro 4.6 e na fig. 4.4.

O teor médio de carbonato de cálcio variou de (5,7 a 14,2) por cento com um valor médio de (9,23) por cento. O teor mais baixo de carbonato de cálcio foi registado na aldeia de Dhanora (5,7) por cento e o mais alto (14,2) por cento de carbonato de cálcio foi registado na aldeia de Pangrasati. Cerca de 70% das amostras de solo são calcárias e 30% são de natureza altamente calcária. O teor de carbonato de cálcio baixo a médio nos solos de cultivo de curcuma de Vasmat tahsil pode dever-se à presença de carbonato de cálcio sob a forma de pó e ao regime hipertérmico de Vasmat tahsil Waghmare et al. (2008). Resultados semelhantes foram registados por Waikar et al. (2014) em solos de natureza não calcária a altamente calcária no tahsil norte do distrito de Parbhani.

Quadro 4.2 Propriedades físico-químicas dos solos de cultivo de açafrão-da-terra de Vasmat tahsil

Sr. no.	Sample no.	Soil pH	EC (dSm⁻¹)	Organic Carbon (g kg⁻¹)	Calcium Carbonate (%)
1	V_1S_1	7.50	0.272	8.7	9.2
2	V_1S_2	7.71	0.203	8.2	8.0
3	V_1S_3	7.62	0.248	9.1	8.2
4	V_2S_1	7.70	0.277	9.0	9.7
5	V_2S_2	7.48	0.274	7.8	13.0
6	V_2S_3	7.32	0.223	8.5	13.5
7	V_2S_4	7.39	0.231	9.1	5.7
8	V_2S_5	7.58	0.280	8.8	11.7
9	V_2S_6	7.46	0.212	8.5	7.0
10	V_2S_7	7.42	0.293	7.8	8.0
11	V_2S_8	7.48	0.205	9.4	8.7
12	V_2S_9	7.44	0.238	8.2	9.7
13	V_3S_1	7.56	0.249	9.1	11.6
14	V_4S_1	7.59	0.267	8.7	9.0
15	V_4S_2	7.51	0.216	9.6	10.2
16	V_4S_3	7.62	0.240	8.8	11.1
17	V_5S_1	7.63	0.276	9.3	9.7
18	V_5S_2	7.54	0.304	9.0	7.0
19	V_5S_3	7.81	0.297	6.1	8.2
20	V_6S_1	7.39	0.272	8.8	8.5
21	V_6S_2	7.52	0.223	8.7	9.5
22	V_6S_3	7.77	0.234	8.8	6.5
23	V_6S_4	7.56	0.215	9.4	6.2
24	V_6S_5	7.52	0.246	8.7	8.7
25	V_6S_6	7.34	0.247	9.0	9.2

Sr. no.	Sample no.	Soil pH	EC dSm^{-1}	Organic Carbon (g kg^{-1})	Calcium Carbonate (%)
26	V_6S_7	7.58	0.230	7.9	8.0
27	V_6S_8	7.46	0.282	8.8	7.5
28	V_6S_9	7.38	0.283	9.2	11.5
29	V_6S_{10}	7.60	0.272	9.6	10.7
30	V_7S_1	7.71	0.271	9.9	10.2
31	V_7S_2	7.42	0.267	8.7	8.5
32	V_8S_1	7.53	0.262	8.8	7.5
33	V_9S_2	7.52	0.221	9.3	9.0
34	V_9S_1	7.57	0.224	7.2	14.2
35	V_9S_2	7.56	0.281	6.3	13.0
36	V_9S_3	7.59	0.211	8.4	12.0
37	V_9S_4	7.37	0.242	9.9	7.2
38	V_9S_5	7.45	0.218	7.5	8.5
39	V_9S_6	7.32	0.215	7.9	10.7
40	V_9S_8	7.44	0.217	9.6	8.3
41	V_9S_9	7.38	0.232	9.3	6.7
42	$V_{10}S_1$	7.40	0.243	8.7	8.5
43	$V_{10}S_2$	7.59	0.248	8.1	9.2
44	$V_{10}S_3$	7.76	0.249	7.8	9.2
45	$V_{11}S_1$	7.69	0.202	9.0	6.7
46	$V_{11}S_2$	7.51	0.228	7.9	10.7
47	$V_{11}S_3$	7.35	0.289	8.8	9.2
48	$V_{11}S_4$	7.31	0.282	9.3	8.5
49	$V_{12}S_1$	7.42	0.242	9.4	7.0
50	$V_{12}S_2$	7.60	0.251	7.3	11.7
Mean		**7.51**	**0.248**	**8.6**	**9.3**

Table 4.3 Categorization of turmeric growing soils on the basis of ratings of soil pH.

Sr. No.	Village	No. of sample	pH		Categorization					
					Neutral		Slightly Alkaline		Moderately Alkaline	
			Range	Mean	No.	%	No.	%	No	%
1	Amba	3	7.50-7.71	7.61	1	33.3	2	66.6	-	-
2	Dhanora	9	7.32-7.70	7.47	6	66.6	3	33.3	-	-
3	Hayatnagar	1	7.56	-	-	-	1	100	-	-
4	Lingi	3	7.51-7.62	7.57	-	-	3	100	-	-
5	Mohamdpurwadi	3	7.54-7.81	7.59	-	-	3	100	-	-
6	Pimprala	10	7.34-7.77	7.51	3	30	7	70	-	-
7	Phata	2	7.42-7.71	7.56	1	50	1	50	-	-
8	Raywadi	1	7.53	-	-	-	1	100	-	-
9	Pangrasati	9	7.32-7.59	7.46	6	66.6	3	33.3	-	-
10	Telgaon	3	7.40-7.76	7.58	1	33.3	2	66.6	-	-
11	Vasmat	4	7.31-7.69	7.46	2	50	2	50	-	-
12	Hatta	2	7.42-7.60	7.51	1	50	1	50	-	-
Average				7.53	21	42	29	58		

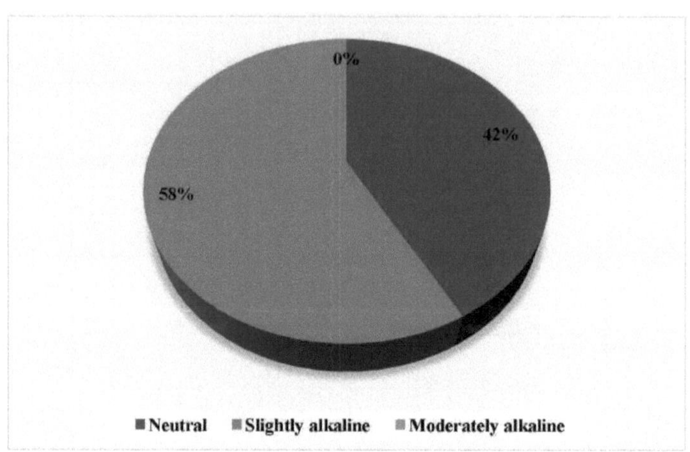

Fig. 4.1 Categorização dos solos de cultivo de açafrão-da-terra com base no pH do solo.

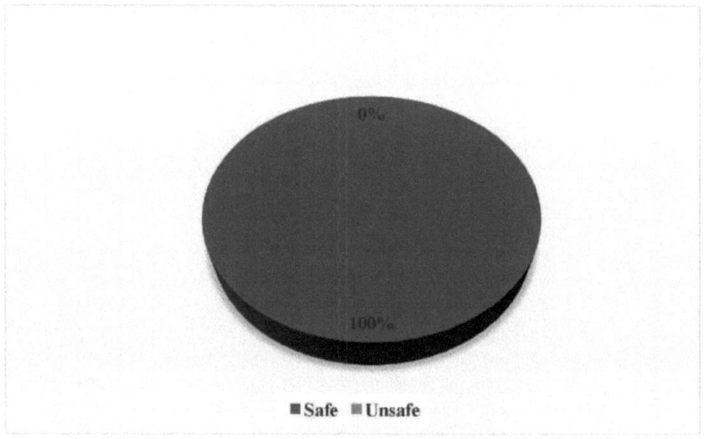

Fig. 4.2 Categorização dos solos de cultivo de açafrão-da-terra com base na condutividade eléctrica do solo.

Table 4.4 Categorization of turmeric growing soils on the basis of ratings of electrical conductivity.

Sr.no	Village	No. of sample	EC (dSm⁻¹)		Categorization					
					Safe (<0.8)		Normal (0.8- 2.5)		Unsafe (>2.5)	
			Range	Mean	No	%	No.	%	No.	%
1	Amba	3	0.203-0.272	0.241	3	100	-	-	-	-
2	Dhanora	9	0.205-0.293	0.248	9	100	-	-	-	-
3	Hayatnagar	1	0.249	-	1	100	-	-	-	-
4	Lingi	3	0.216-0.267	0.240	3	100	-	-	-	-
5	Mohamdpurwadi	3	0.276-0.304	0.297	3	100	-	-	-	-
6	Pimprala	10	0.215-0.283	0.250	10	100	-	-	-	-
7	Phata	2	0.267-0.271	0.269	2	100	-	-	-	-
8	Raywadi	1	0.262	-	1	100	-	-	-	-
9	Pangrasati	9	0.215-0.281	0.229	9	100	-	-	-	-
10	Telgaon	3	0.243-0.249	0.246	3	100	-	-	-	-
11	Vasmat	4	0.202-0.289	0.250	4	100	-	-	-	-
12	Hatta	2	0.242-0.251	0.246	2	100	-	-	-	-
Mean				0.252	50	100				

Table 4.5 Categorization of turmeric growing soil on the basis of rating of Organic Carbon.

Sr. no	Village	No. of sample	Categorization								
			Organic carbon (g kg^{-1})		Low (<5)		Medium (5 -7.5)		High (> 7.5)	
			Range	Mean	No.	%	No.	%	No.	%
1	Amba	3	8.2-9.1	8.6	-	-	-	-	3	100
2	Dhanora	9	7.8-9.4	8.5	-	-	-	-	9	100
3	Hayatnagar	1	9.1	-	-	-	-	-	1	100
4	Lingi	3	8.7-9.6	9.0	-	-	-	-	3	100
5	Mohamdpurwadi	3	6.1-9.3	8.1	-	-	1	33.3	2	66.6
6	Pimprala	10	7.9-9.6	8.8	-	-	-	-	10	100
7	Phata	2	8.7-9.9	9.3	-	-	-	-	2	100
8	Raywadi	1	8.8	-	-	-	-	-	1	100
9	Pangrasati	9	6.3-9.9	8.3	-	-	1	11.1	8	88.8
10	Telgaon	3	7.8-87	8.2	-	-	-	-	3	100
11	Vasmat	4	79-93	8.7	-	-	-	-	4	100
12	Hatta	2	73-94	8.3	-	-	1	33.3	2	22.2
Mean				8.5			3	6	47	94

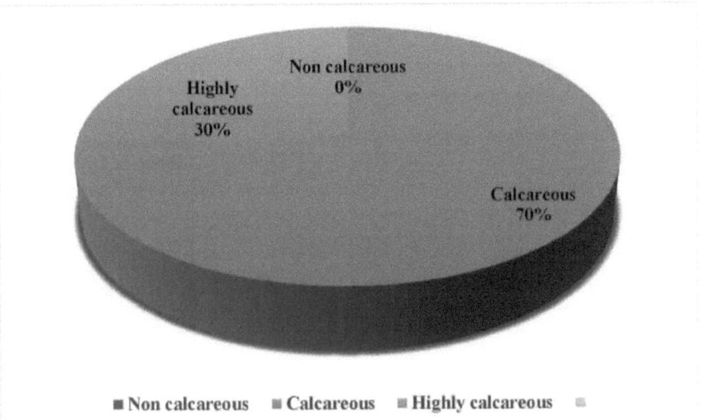

Fig. 4.3 Categorização dos solos de cultivo de açafrão-da-terra com base no carbonato de cálcio.

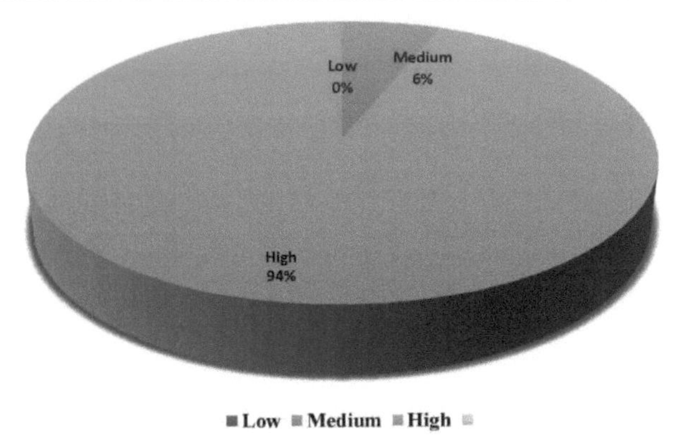

Fig. 4.4 Categorização dos solos de cultivo de açafrão-da-terra com base no carbono orgânico.

Table 4.6 Categorization of turmeric growing soil on the basis of rating of calcium carbonate.

Sr.no	Village	No. of sample	Categorization								
			Calcium Carbonate (%)		Non-Calcareous (< 5)		Calcareous (5 - 10)		Highly cal. (> 10)	
			Range	Mean	No	%	No	%	No	%
1	Amba	3	8.0-9.2	8.46	-	-	3	100		
2	Dhanora	9	5.7-13.5	9.66	-	-	6	66.6	3	33.3
3	Hayatnagar	1	11.6	-	-	-	-	-	1	100
4	Lingi	3	9.0-11.1	10.1	-	-	1	33.3	2	66.6
5	Mohamdpurwadi	3	7.0-9.7	8.3	-	-	3	100	-	-
6	Pimprala	10	6.2-11.5	8.63	-	-	8	80	2	20
7	Phata	2	8.5-10.2	9.35	-	-	1	50	1	50
8	Raywadi	1	7.5	-	-	-	1	100	-	-
9	Pangrasati	9	6.7-14.2	9.95	-	-	5	55.5	4	44.4
10	Telgaon	3	8.5-9.2	8.96	-	-	3	100	-	-
11	Vasmat	4	6.7-10.7	8.7	-	-	3	75	1	25
12	Hatta	2	7.0-11.7	9.35	-	-	1	50	1	50
Mean				9.14			35	70	15	30

4.3 Estado dos macronutrientes do solo de cultivo orgânico de açafrão-da-terra.

4.3.1 Azoto disponível

O teor total de azoto no solo depende de vários factores como o tipo de solo, a textura, o pH do solo, o clima, a topografia, a vegetação e a gestão dos fertilizantes, etc. Entre estes factores, o clima tem um efeito mais marcante no teor de matéria orgânica do solo que, por sua vez, determina o teor de azoto do solo. Os resultados do azoto disponível são apresentados na Tabela 4.7 e a categorização das amostras de solo de acordo com as classificações de azoto expressas na Tabela 4.8 e na Fig. 4.5.

O teor médio de azoto disponível em todas as aldeias variava entre 178.7 $^{-1-1}$O azoto disponível mais baixo foi registado na amostra da aldeia de Pangrasati 178,7 kg ha^{-1} e o azoto disponível mais elevado foi registado na amostra da aldeia de Dhanora 291,6 kg ha^{-1} , o azoto total médio é de 243,4 kg ha^{-1} .

Todas as amostras de solo das zonas de cultivo de açafrão-da-terra estão classificadas com 92% de azoto disponível em estado baixo e 8% em estado médio, não tendo nenhuma amostra registado um estado elevado de azoto. Resultados semelhantes foram registados por Chavhan (2020). O baixo teor de azoto é devido à remoção da cultura, podendo estar sujeito a perdas por lixiviação e volatilização (Perni 2005).

Alane (2010) referiu que o teor de azoto disponível em Aundha tahsil variava entre 106,62 e 298,5 kg ha^{-1} com um valor médio de 147,6 kg ha^{-1} . O baixo teor de azoto pode dever-se ao ambiente árido e ao baixo teor de matéria orgânica nestes solos. Também está relacionado com a aplicação de FYM e fertilizantes aplicados à cultura anterior (Srikanth *et al.* 2008). Outra razão para isso é a perda de azoto aplicado por meio de lixiviação e desnitrificação, o que resulta num baixo teor de azoto (Tur *et al.* 2008).

4.3.2 Fósforo disponível

O teor total de fósforo no solo é constituído por fósforo orgânico e inorgânico. Ocorre como ortofosfatos no conjunto de minerais. Uma quantidade variável de fósforo está associada à matéria orgânica, mas em formas não orto. Os dados sobre o fósforo disponível são apresentados no Quadro 4.7 e a categorização dos solos de cultivo de curcuma com base no fósforo disponível é apresentada no Quadro 4.9 e na Fig. 4.7.

Os dados da análise do solo indicam que o teor médio de fósforo disponível no solo orgânico de cultivo de curcuma variou entre 17,6 kg e 24,5 kg ha^{-1} com um valor médio de 20,56 kg ha^{-1} . O teor de fósforo mais baixo foi observado em amostras da aldeia Lingi 17,6 kg ha^{-1} e o fósforo disponível mais alto foi encontrado em amostras de duas aldeias Pangrasati e Vasmat 24,5 kg ha^{-1} . Nenhuma amostra foi classificada como de baixo teor, 56% das amostras tinham um teor médio e 44% das amostras de solo tinham um teor elevado de fósforo.

Resultado de acordo com Chavhan *et.al* (2020) e Amit kumar *et.al* (2018) desempenho da cúrcuma sob diferentes espécies de árvores agroflorestais em G.B. Pant universidade de agricultura, Uttarakhand.

4.3.3 Potássio disponível

O potássio é um elemento nutriente essencial necessário a todos os organismos vivos, incluindo plantas e animais. O potássio não é incorporado na estrutura dos compostos orgânicos, mas permanece na forma iónica em solução na célula e é móvel nas plantas. Os dados sobre o potássio disponível nos solos de cultivo de açafrão-da-terra de Vasmat tahsil são apresentados no Quadro 4.7 e a categorização dos solos com base no potássio disponível é apresentada no Quadro 4.9 e na Fig. 4.7.

Na amostragem, o potássio disponível variou de 639,9 a 843,3 kg ha^{-1} com valor médio de 750,8 kg ha^{-1} . O menor teor de potássio, 639,9 kg ha^{1} , foi observado na amostra da aldeia Mohamadpurwadi e a maior quantidade de potássio, 843,3 kg ha^{-1} , foi encontrada na amostra da aldeia Pimprala. Todas as amostras são classificadas como tendo um elevado teor de potássio disponível. Resultados semelhantes foram relatados por Alane (2010), que mostrou que o potássio disponível no tahsil de Aundha variava de 215,7 a 1279,7 kg ha^{-1} com valor médio de 533,89 kg ha^{-1} .

A elevada quantidade de potássio disponível deve-se provavelmente à presença de minerais com maior teor de potássio, como o feldspato e a mica, no material de origem. Estes resultados são semelhantes aos relatados por Melewar *et al.* (1998), segundo os quais o potássio disponível em solos semi-áridos de Maharashtra variava entre 318,0 e 616,0 kg ha^{-1} .

Uma quantidade elevada de potássio foi registada anteriormente por More *et al.* (2016), que mostraram que o teor de potássio dos solos de Vasmat tahsil variava entre 182,10 e 1078,20 kg ha^{-1} com um valor médio de 513,78 kg ha^{-1} .

4.3.4 Enxofre disponível

O enxofre disponível nesses solos variou de 18,1 a 28,9 kg ha^{-1} com uma média de 24,5 kg ha^{-1} . O enxofre disponível mais alto foi observado na aldeia Vasmat 28,9 kg ha^{-1} e o enxofre mais baixo foi encontrado na aldeia Dhanora 18,1 kg ha^{-1} . Os dados na Tabela 4.7 e a categorização do enxofre disponível são dados na Tabela no.4.11 e na Fig 4.8. Entre as 50 amostras de solo, nenhuma amostra é baixa, sendo que 4% das amostras são médias em enxofre disponível e 96% são altas em enxofre disponível nos solos orgânicos das áreas de cultivo de açafrão-da-terra de Vasmat. A suficiência de S disponível deve-se ao elevado teor de argila nos solos, que pode adsorver quantidades variáveis de enxofre (Waikar *et.al* 2014).

Sharma *et al.* (2015) observaram que o enxofre disponível na aldeia de Nignoti, no distrito de Indore, variava de 5,02 a 35,66 kg ha^{-1} com um valor médio de 16,58 kg ha^{-1} . O teor baixo a moderado de enxofre pode dever-se à natureza gipsífera do enxofre, que não está disponível no solo negro. Estes resultados foram corroborados por Sawashe (2008) ao estudar os solos de Latur e Renapur tahsil do distrito de Latur, o teor de enxofre disponível variou de 10,31 a 49,27 e de 4,45 a 41,05 mg kg^{-1} respetivamente.

Quadro 4.7 Estado dos macronutrientes disponíveis no solo de cultivo de açafrão-da-terra.

Sr. No.	Sample no.	Available nutrients (Kg ha^{-1})			
		Available N	Available P	Available K	Available S
1	V_1S_1	200.7	20.5	735.8	23.2
2	V_1S_2	260.2	19.5	707.8	26.8
3	V_1S_3	235.2	19.0	759.3	21.8
4	V_2S_1	279.4	24.5	741.1	18.2
5	V_2S_2	222.6	20.1	665.8	24.6
6	V_2S_3	247.7	17.9	708.5	25.9
7	V_2S_4	291.6	19.2	756.6	20.3
8	V_2S_5	263.4	20.1	761.6	22.8
9	V_2S_6	269.1	21.2	772.7	22.5
10	V_2S_7	279.1	20.3	727.3	18.1
11	V_2S_8	225.7	18.7	713.6	21.5
12	V_2S_9	279.1	18.1	701.1	25.5
13	V_3S_1	263.4	19.0	785.7	25.3
14	V_4S_1	260.2	20.3	796.9	28.7

O quadro continua...

15	V_4S_2	272.8	17.6	695.5	28.6
16	V_4S_3	269.6	20.1	689.8	24.1
17	V_5S_1	282.2	19.8	663.8	24.4
18	V_5S_2	281.1	19.0	639.9	24.3
19	V_5S_3	238.3	18.1	721.2	26.1
20	V_6S_1	279.3	21.1	768.8	22.9
21	V_6S_2	228.9	21.7	787.9	23.9
22	V_6S_3	241.4	22.5	803.4	23.2
23	V_6S_4	272.8	23.4	720.4	24.8
24	V_6S_5	206.9	22.4	780.8	26.6
25	V_6S_6	244.6	19.1	783.6	23.9
26	V_6S_7	203.8	18.3	668.6	23.7
27	V_6S_8	219.5	21.2	826.5	26.8
28	V_6S_9	222.6	21.7	843.3	24.5
29	V_6S_{10}	191.3	22.5	776.2	25.7
30	V_7S_1	228.9	23.4	832.1	27.1
31	V_7S_2	216.3	21.7	810.3	21.0
32	V_8S_1	210.1	22.4	677.6	26.4
33	V_9S_2	194.4	18.7	815.3	26.3
34	V_9S_1	178.7	18.1	750.2	22.9
35	V_9S_2	191.2	22.8	769.4	29.4
36	V_9S_3	222.6	21.7	715.6	23.7
37	V_9S_4	272.8	21.4	735.5	29.2
38	V_9S_5	260.2	20.9	749.7	22.2
39	V_9S_6	250.8	22.3	795.3	24.4
40	V_9S_8	238.3	23.6	834.4	21.2
41	V_9S_9	200.7	19.2	704.0	28.2
42	$V_{10}S_1$	285.3	19.5	788.2	27.1
43	$V_{10}S_2$	247.7	20.6	782.8	22.2
44	$V_{10}S_3$	219.5	17.9	749.3	20.3
45	$V_{11}S_1$	225.7	22.8	818.7	24.4
46	$V_{11}S_2$	250.8	24.5	716.9	28.9
47	$V_{11}S_3$	272.8	21.7	728.9	26.6
48	$V_{11}S_4$	263.4	21.2	776.1	24.1
49	$V_{12}S_1$	250.8	19.0	785.3	27.7
50	$V_{12}S_2$	257.1	18.5	705.6	23.9
Mean		**243.4**	**20.56**	**750.8**	**24.5**

Table 4.8 Categorization of available Nitrogen turmeric growing areas of Vasmat tahsil.

| Sr.no | Village | No. of sample | Nitrogen (kg ha^{-1}) | | Categorization | | | | | |
| | | | | | Low (<280) | | Medium (280-420) | | High (>420) | |
			Range	Mean	No	%	No	%	No	%
1	Amba	3	200-235.2	232.0	3	100	-		-	-
2	Dhanora	9	222.6-291.6	261.9	8	88.8	1	11.1	-	-
3	Hayatnagar	1	263.4	-	1	100	-	-	-	-
4	Lingi	3	260.2-272.8	269.5	3	100	-	-	-	-
5	Mohamadpurwadi	3	238.3-282.2	267.2	1	33.3	2	66.6		
6	Pimprala	10	191.3-279.3	235.5	10	100	-	-	-	-
7	Phata	2	216.3-228.9	222.6	2	100	-	-	-	-
8	Raywadi	1	210.1	-	1	100	-	-	-	-
9	Pangrasati	9	178.7-272.8	223.3	9	100	-	-	-	-
10	Telgaon	3	219.5-285.3	250.8	2	66.6	1	33.3	-	-
11	Vasmat	4	225.7-272.8	253.1	4	100	-	-	-	-
12	Hatta	3	250.8-257.1	253.9	2	100	-	-	-	-
Average				246.9	46	92	4			

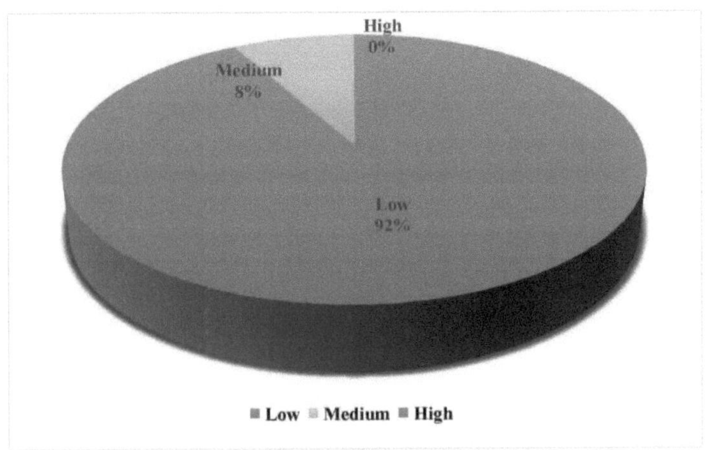

Fig. 4.5 Categorização dos solos de cultivo de açafrão-da-terra com base no azoto disponível.

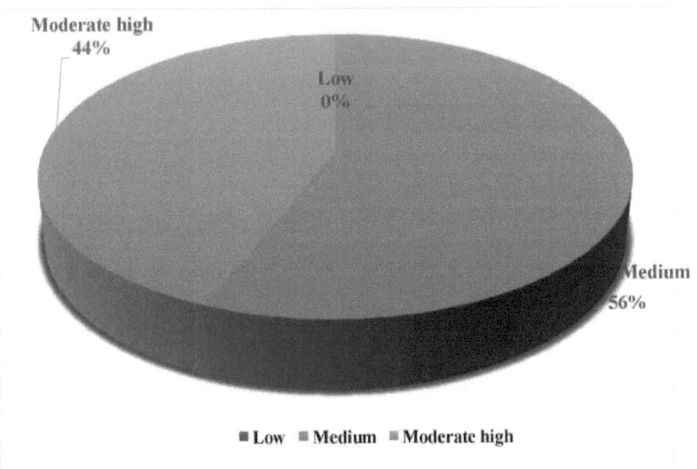

Fig. 4.6 Categorização dos solos de cultivo de açafrão-da-terra com base no fósforo disponível.

Table 4.9 Categorization of available Phosphorus turmeric growing areas of Vasmat tahsil.

Sr.no	Village	No. of sample	Categorization								
			Phosphorus (kg ha^{-1})		Low (7-14)		Medium (14-21)		High (21-28)		
			Range	Mean	No	%	No	%	No	%	
1	Amba	3	19-20.5	19.66	-	-	3	100			
2	Dhanora	9	17.9-24.5	20.01	-	-	7	77.7	2	22.2	
3	Hayatnagar	1	19	-	-	-	1	100	-	-	
4	Lingi	3	17.6-20.3	19.3	-	-	3	100	-	-	
5	Mohamdpurwadi	3	18.1-19.8	18.9	-	-	3	100	-	-	
6	Pimprala	10	18.3-23.4	21.39	-	-	2	-	8	-	
7	Phata	2	21.7-23.4	22.5	-	-	-	-	2	100	
8	Raywadi	1	22.4	-	-	-	-	-	1	100	
9	Pangrasati	9	18.1-23.6	20.96	-	-	4	44.4	5	55.5	
10	Telgaon	3	17.9-20.6	19.3	-	-	3	100	-	-	
11	Vasmat	4	21.2-24.5	22.5	-	-		-	4	100	
12	Hatta	2	18.5-19	18.7	-	-	2	100	-	-	
	Average			20.3			28	56	22	44	

Table 4.10 Categorization of available Potassium turmeric growing areas Vasmat tahsil.

Sr.no	Village	No. of sample	Potassium (kg ha⁻¹)		Categorization					
					Low (< 150)		Medium (150-300)		High (> 300)	
			Range	Mean	No	%	No	%	No	%
1	Amba	3	707.8-759.3	734.3	-	-	-	-	3	100
2	Dhanora	9	665.8-772.7	727.5	-	-	-	-	9	100
3	Hayatnagar	1	785.7	-	-	-	-	-	1	100
4	Lingi	3	689.8-796.9	727.4	-	-	-	-	3	100
5	Mohamadpurwadi	3	639.9-721.2	674.9	-	-	-	-	3	100
6	Pimprala	10	720.4-843.3	775.5	-	-	-	-	10	100
7	Phata	2	810.3-832.1	821.2	-	-	-	-	2	100
8	Raywadi	1	677.6	-	-	-	-	-	1	100
9	Pangrasati	9	704.0-834.4	763.2	-	-	-	-	9	100
10	Telgaon	3	749.3-788.2	773.4	-	-	-	-	3	100
11	Vasmat	4	716.9-818.7	776.1	-	-	-	-	4	100
12	Hatta	2	705.6-785.3	745.4	-	-	-	-	2	100
	Average			751.8					50	100

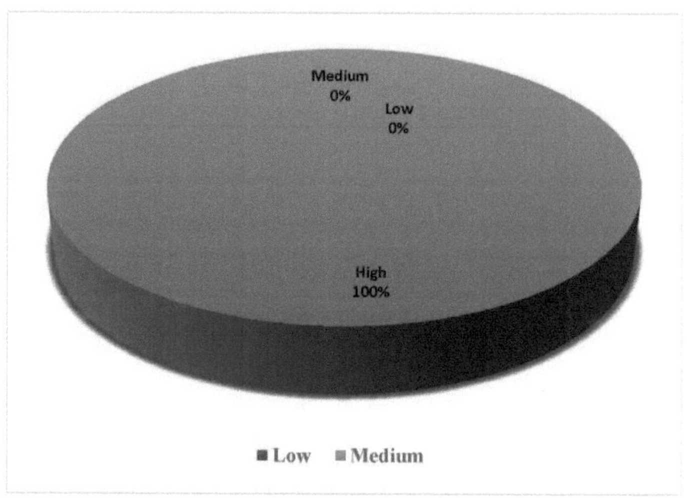

Fig. 4.7 Categorização dos solos de cultivo de açafrão-da-terra com base no potássio disponível.

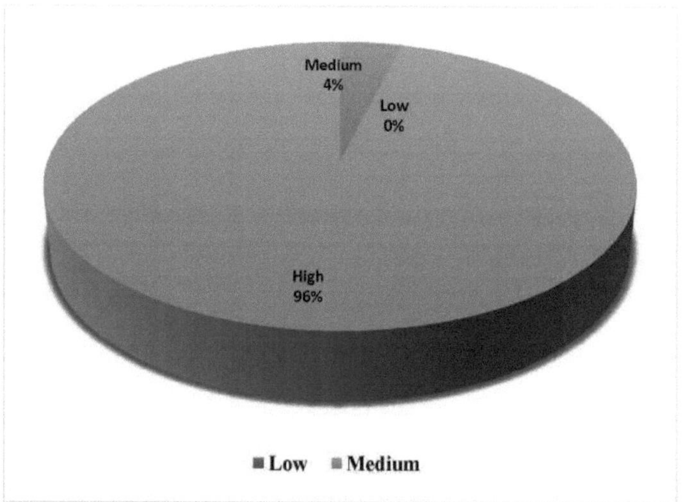

Fig. 4.8 Categorização dos solos de cultivo de açafrão-da-terra com base no enxofre disponível.

Table 4.11 Categorization of available Sulphur turmeric growing areas of Vasmat tahsil.

Sr.no	Village	No. of sample	Sulphur (kg ha⁻¹)		Categorization					
					Low (< 10)		Medium (10-20)		High (> 20)	
			Range	Mean	No	%	No	%	No	%
1	Amba	3	21.8-23.2	23.93	-	-	-	-	3	100
2	Dhanora	9	18.1-25.5	22.15	-	-	2	22.2	7	77.7
3	Hayatnagar	1	25.3	-	-	-	-	-	1	100
4	Lingi	3	24.1-28.7	27.1	-	-	-	-	3	100
5	Mohamdpurwadi	3	24.3-26.1	24.9	-	-	-	-	3	100
6	Pimprala	10	22.9-26.8	24.7	-	-	-	-	10	100
7	Phata	2	21.0-27.1	24.5	-	-	-	-	2	100
8	Raywadi	1	26.4	-	-	-	-	-	1	100
9	Pangrasati	9	21.2-28.2	25.27	-	-	-	-	9	100
10	Telgaon	3	20.3-27.1	23.2	-	-	-	-	3	100
11	Vasmat	4	24.1-28.9	26.0	-	-	-	-	4	100
12	Hatta	2	23.9-27.7	25.8	-	-	-	-	2	100
	Average			24.7			2	4	48	96

4.4 Cálcio e magnésio permutáveis

4.4.1 Cálcio permutável

Os dados relativos ao cálcio permutável são apresentados na Tabela 4.12 e a categorização na Tabela 4.13 e na Fig. 4.9. O cálcio permutável de cinquenta amostras de solo recolhidas varia entre 26,3 e 38,7 Cmol (p^+) kg^{-1} . O cálcio permutável mais elevado foi encontrado na aldeia de Lingi, com 38,7 Cmol (p^+) kg^{-1} . O cálcio mais baixo foi encontrado na aldeia Phata, com 26,3 Cmol $(p^+$ $)$ kg^{-1} . O cálcio permutável médio da amostra de solo recolhida é de 33,04 Cmol (p^+) kg^{-1} , todas as amostras de solo da aldeia recolhida são suficientes em cálcio permutável. O cálcio e o magnésio permutáveis mais elevados podem dever-se a um material de origem homogéneo rico em Ca (Hirey *et al.2015)*.

Ravte (2008) analisou resultados semelhantes nos solos de Ausa e Nilanga tahsils do distrito de Latur e indicou que o teor de Ca nestes solos variava entre 11,05 e 50,7 cmol (p^+) kg-^{1} .

4.4.2 Magnésio permutável

Os dados relativos ao magnésio permutável são apresentados na Tabela nº 4.12 e a categorização na Tabela 4.14 e na Fig. 4.10. O magnésio permutável da amostra de solo recolhida varia entre 15,3 e 23,4 Cmol (p^+) kg^{-1} . O magnésio permutável mais elevado foi encontrado na aldeia de Pangrasati, com 23,4 Cmol (p^+) kg^{-1} . O magnésio mais baixo foi encontrado na aldeia de Vasmat, 15,3 Cmol (p^+) kg^{-1} . O magnésio permutável médio da amostra de solo recolhida é de 20,44 Cmol (p^+) kg^{-1} , todas as amostras de solo da aldeia recolhida são suficientes em magnésio permutável. O cálcio e o magnésio permutáveis mais elevados podem dever-se a um material de origem homogéneo rico em Mg (Hirey *et al.2015)*.

Ravte (2008) analisou os solos de Ausa e Nilanga tahsils do distrito de Latur e referiu que o teor de Mg nestes solos variava entre 20,6 e 28,9 cmol (p^+) kg-^{1} respetivamente.

Quadro 4.12 Cálcio e magnésio permutáveis do solo de cultivo de açafrão-da-terra.

Sr. No.	Sample No.	Exchangeable calcium and magnesium Cmol (p$^+$) kg^{-1}	
		Calcium	Magnesium
1	V_1S_1	36.7	21.2
2	V_1S_2	34.2	22.1
3	V_1S_3	32.3	19.3
4	V_2S_1	26.1	18.7
5	V_2S_2	29.3	19.3
6	V_2S_3	38.4	21.4
7	V_2S_4	35.7	21.3
8	V_2S_5	34.8	21.8
9	V_2S_6	32.1	19.3
10	V_2S_7	33.9	20.2
11	V_2S_8	32.4	22.4
12	V_2S_9	31.7	22.3
13	V_3S_1	35.6	16.2
14	V_4S_1	29.8	17.8
15	V_4S_2	30.1	19.3
16	V_4S_3	38.7	18.7
17	V_5S_1	37.2	21.9
18	V_5S_2	29.3	22.1
19	V_5S_3	27.4	22.4
20	V_6S_1	32.2	19.8
21	V_6S_2	33.9	19.4
22	V_6S_3	33.7	16.3
23	V_6S_4	37.6	19.3
24	V_6S_5	32.9	19.8
25	V_6S_6	33.4	21.4
26	V_6S_7	30.2	21.7
27	V_6S_8	33.6	22.5
28	V_6S_9	32.4	21.8
29	V_6S_{10}	33.9	20.3
30	V_7S_1	28.7	20.8
31	V_7S_2	26.3	19.3
32	V_8S_1	36.0	19.2
33	V_9S_2	36.2	22.4
34	V_9S_1	35.9	23.0
35	V_9S_2	34.3	19.8
36	V_9S_3	32.1	20.2
37	V_9S_4	30.1	23.4
38	V_9S_5	33.9	22.2
39	V_9S_6	28.7	18.7
40	V_9S_8	32.8	18.6
41	V_9S_9	33.6	17.9
42	$V_{10}S_1$	32.9	22.4

Tabela continua...

43	$V_{10}S_2$	33.6	23.3
44	$V_{10}S_3$	29.8	21.1
45	$V_{11}S_1$	34.4	20.8
46	$V_{11}S_2$	35.9	20.3
47	$V_{11}S_3$	32.4	22.2
48	$V_{11}S_4$	37.8	15.3
49	$V_{12}S_1$	36.7	19.8
50	$V_{12}S_2$	30.1	21.3
Mean		**33.04**	**20.44**

Table 4.13 Categorization of exchangeable calcium turmeric growing Areas of Vasmat tahsil.

Sr no.	Village	No. of sample	Exchangeable Ca^{++} Cmol (p^+) kg^{-1}		Deficient (<1.5)		Sufficient (>1.5)	
			Range	Mean	No.	%	No.	%
1	Amba	3	32.3-36.7	34.4	-	-	3	100
2	Dhanora	9	26.1-35.7	32.7	-	-	9	100
3	Hayatnagar	1	35.6	-	-	-	1	100
4	Lingi	3	29.8-38.7	32.8	-	-	3	100
5	Mohamdpurwadi	3	27.4-37.2	31.3	-	-	3	100
6	Pimprala	10	30.2-37.6	33.3	-	-	10	100
7	Phata	2	26.3-28.7	27.5	-	-	2	100
8	Raywadi	1	36.0	-	-	-	1	100
9	Pangrasati	9	28.7-36.2	33.6	-	-	9	100
10	Telgaon	3	29.8-33.6	32.1	-	-	3	100
11	Vasmat	4	32.4-37.8	35.1	-	-	4	100
12	Hatta	2	30.1-36.7	33.4	-	-	2	100
	Average			32.6			50	100

Table 4.14 Categorization of exchangeable magnesium turmeric growing Areas of Vasmat tahsil.

Sr no	Village	No of sample	Exchangeable mg^{++} ($Cmol(p^{+})\,kg^{-1}$)		Deficient (<1.5)		Sufficient (>1.5)	
			Range	Mean	No.	%	No.	%
1	Amba	3	19.3-22.1	20.86	-	-	3	100
2	Dhanora	9	18.7-22.4	20.74			9	100
3	Hayatnagar	1	16.2	16.2	-	-	1	100
4	Lingi	3	17.8-19.3	18.6	-	-	3	100
5	Mohamdpurwadi	3	21.9-22.4	22.13	-	-	3	100
6	Pimprala	10	16.3-22.5	20.23	-	-	10	100
7	Phata	2	19.3-20.8	20.05	-	-	2	100
8	Raywadi	1	19.2	-	-	-	1	100
9	Pangrasati	9	17.9-23.4	20.6	-	-	9	100
10	Telgaon	3	21.1-23.3	22.26	-	-	3	100
11	Vasmat	4	15.3-22.2	19.65	-	-	4	100
12	Hatta	2	19.8-21.3	20.05	-	-	2	100
Average				22.13			50	100

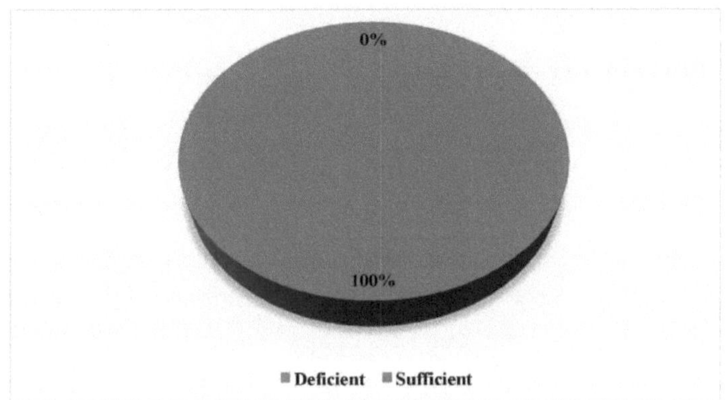

Fig 4.9 Categorização do solo de cultivo de açafrão-da-terra com base nas classificações de cálcio trocável.

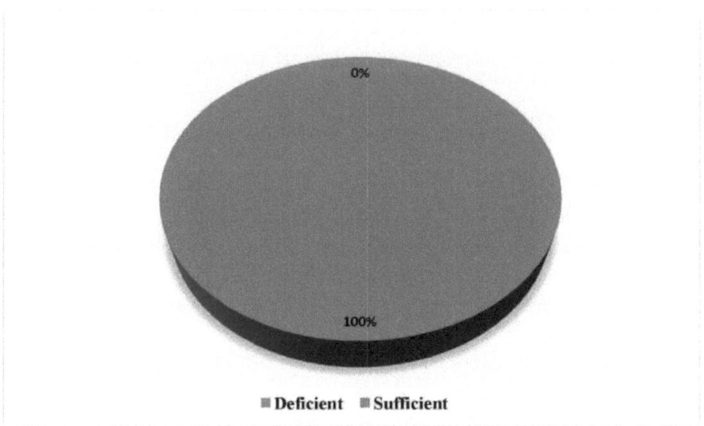

Fig 4.10 Categorização do solo de cultivo de açafrão-da-terra com base nas classificações de magnésio permutável

4.5 Estado dos micronutrientes no solo de cultivo de açafrão-da-terra.

4.5.1 Ferro extraível por DTPA

O teor máximo e mínimo de ferro disponível de cada amostra de solo é apresentado na Tabela 4.15 e a distribuição do solo em relação à disponibilidade de ferro é apresentada em categorias na Tabela 4.16 e na Fig.4.11.

A média do ferro extraível por DTPA variou entre 3,54 e 7,72 mg kg^{-1} com um valor médio de 5,69 mg kg-^{1} . O ferro extraível mais baixo foi registado na aldeia de Amba, com 3,54 mg kg^{-1} . Enquanto o teor de ferro mais elevado no solo foi observado na amostra da aldeia de Vasmat, com 7,72 mg kg^{-1} . Nesta fase, 76% das amostras de solo tinham um teor de ferro elevado, 24% tinham um teor médio e nenhuma amostra de solo tinha um teor de ferro baixo. Meena *et al.* (2017) registaram um teor médio a elevado de ferro extraível no distrito de Banswara, no Rajastão, com resultados semelhantes.

Resultados semelhantes foram registados por Perni (2005): o teor médio de ferro extraível dos solos de cultivo de curcuma do distrito de Guntur variou entre 3,6 e 8,4 ppm. Os solos de Vasmat tahsil apresentavam um teor médio a elevado de ferro extraível. A elevada quantidade de ferro no solo deve-se à presença de minerais como o feldspato, a hematite, a magnetite e a limonite, que, em conjunto, constituem a maior parte das rochas armadilha nos solos (Alane 2010).

4.5.2 Cobre extraível por DTPA

Os dados relativos ao cobre extraível por DTPA em cada amostra de solo em todas as aldeias são apresentados na Tabela 4.15 e a distribuição da amostra de acordo com a classificação baixa, média e alta é apresentada na Tabela 4.17 e na Fig.4.12.

Na análise dos dados das amostras de solo, verificou-se que o cobre extraível por DTPA variou entre 0,65 e 1,89 mg kg^{-1} com um valor médio de 1,15 mg kg^{-1} . O Cobre extraível por DTPA mais baixo foi registado na aldeia de Pimprala 0,65 mg kg^{-1} . enquanto o teor de Cobre mais elevado no solo foi registado na amostra da aldeia de Lingi 1,89 mg kg^{-1} . Resultados semelhantes de todas as amostras de solo foram encontrados acima do limite crítico na disponibilidade de cobre em solos de cultivo de açafrão-da-terra de Vasmat tahsil. Resultados semelhantes foram relatados por Perni (2005): o teor de cobre disponível variou de 2,90 a 5,30 ppm em solos de cultivo de açafrão-da-terra do distrito de Guntur.

A maior quantidade de cobre no solo deve-se às actividades biológicas mais elevadas e ao efeito quelante Kadao *et al.* (2002). E a variação no teor de cobre pode dever-se à diferença na fisiografia, geologia e grau de meteorização nestes solos (Alane 2010). O resultado semelhante foi registado por Chavhan (2020).

4.5.3 Zinco extraível por DTPA

Os dados relativos ao zinco extraível por DTPA em cada amostra de solo em todas as aldeias da área de estudo foram apresentados no Quadro 4.15 e a classificação das amostras de solo em diferentes categorias de acordo com o teor de zinco é apresentada no Quadro 4.18 e na Fig. 4.13.

Os dados indicam que o teor médio de zinco dos solos de cultivo de curcuma do tahsil de Vasmat variou entre 0,40 e 0,90 mg kg^{-1} com um valor médio de 0,64 mg kg^{-1} . O teor mais baixo de zinco, 0,40 mg kg^{-1} , foi observado na amostra da aldeia de Dhanora. O teor mais elevado de zinco, 0,90 mg kg^{-1} , foi encontrado na amostra da aldeia de Phata. No conjunto dos dados, os solos de Vasmat tahsil foram classificados como 42% das amostras de solo eram baixas, 58% das amostras de solo eram médias. Alane *et al.* (2010) apresentaram tendências semelhantes. O teor médio de zinco no tahsil de Aundha variou entre 0,13 e 1,10 mg kg^{-1} com um valor médio de 0,44 mg kg^{-1} .

O baixo teor de zinco pode dever-se ao facto de, em condições alcalinas, os catiões de zinco se transformarem nos seus óxidos ou hidróxidos, diminuindo assim a disponibilidade de zinco (Mandavgade *et al.* 2015). Pode ser devido à aplicação de FYM e micronutrientes enriquecidos com zinco nos solos de cultivo de açafrão-da-terra. A disponibilidade de zinco aumentou significativamente com a aplicação de matéria orgânica porque o zinco forma complexos solúveis (quelatos) com o componente de matéria orgânica do solo (Meena *et al.* 2017). A deficiência de zinco foi encontrada em 62% dos solos de cultivo de açafrão-da-terra do distrito de Coimbatore. (Senthil Kumar e Savithri, 2003).

4.5.4 Manganês extraível por DTPA

Os dados relativos ao manganês extraível por DTPA em cada amostra de solo foram apresentados no Quadro 4.15 e a distribuição das amostras de solo de acordo com a disponibilidade de manganês foi apresentada no Quadro 4.19 e na Fig. 4.13.

Os dados apresentados no Quadro 4.14 indicam que o manganês disponível nos solos de cultivo de curcuma de Vasmat tahsil variava entre 5,44 e 14,42 mg kg^{-1} com um valor médio de 9,75 mg kg^{-1} e o valor mínimo de 5,44 mg kg^{-1} de teor de manganês foi registado na amostra da aldeia de Dhanora. O valor máximo de manganês 14,42 mg kg^{-1} foi registado na amostra da aldeia de Vasmat. Com base em todos os dados, 100% das amostras de solo são ricas em manganês.

Os resultados confirmam as conclusões de Alane et al. 2010. O elevado nível de manganês pode dever-se ao facto de o estado de oxidação mais baixo (reduzido) do manganês ser mais solúvel do que o estado de oxidação mais elevado na gama normal de pH do solo e à oxidação do Mn++ divalente em Mn trivalente^{+++} por certos fungos e bactérias. Alguns compostos orgânicos produzidos por microrganismos e segregados pelas raízes das plantas têm poder oxidante e redutor. Os resultados estão de acordo com as conclusões de Mandavgade *et al.* (2015), que referiram que todos os tahsil do distrito de Parbhani tinham um teor elevado de manganês.

4.5.5 Boro disponível

Os dados relativos ao boro disponível em cada amostra de solo foram apresentados na Tabela 4.15 e a distribuição das amostras de solo de acordo com a disponibilidade de boro foi apresentada na Tabela 4.20 e na Fig.4.15.

Os dados indicam que o teor médio de boro do solo de cultivo de curcuma varia entre (0,42 e 1,35 mg kg^{-1}), sendo a média de boro da amostra de solo recolhida de (0,79 mg kg^{-1}). O teor mais elevado de boro foi encontrado na aldeia de Pimprala (1,35 mg kg^{-1}) e o teor mais baixo de boro foi encontrado na aldeia de Dhanora (0,42 mg kg^{-1}). No tahsil de Vasmat, num total de 50 amostras de solo, cerca de 98% das amostras de solo apresentaram um teor baixo e 2% das amostras de solo apresentaram um teor médio. O baixo teor de boro disponível no solo devido ao maior teor de CaCO3 passa a ser normal (Kondvilkar e Thakre (2015).

Assim, o resultado semelhante encontrado por Sawashe (2008) constatou que o boro disponível variava de 0,1 a 1,65 em Latur tahsil e de 0,1 a 1,65 em Renapur tahsil do distrito de Latur.

Quadro 4.15 Micronutrientes extraíveis por DTPA do solo de cultivo de açafrão-da-terra.

		DTPA Extractable Micronutrient (mg kg^{-1})				Boron (mg kg^{-1})
Sr. No.	Sample No.	Fe	Cu	Mn	Zn	
1.	V_1S_1	5.20	1.32	9.41	0.66	0.60
2.	V_1S_2	3.54	0.89	8.37	0.68	0.78
3.	V_1S_3	6.17	0.85	10.17	0.72	0.50
4.	V_2S_1	5.49	1.23	6.87	0.52	0.42
5.	V_2S_2	4.17	1.20	9.65	0.58	0.95

6.	V_2S_3	5.29	0.90	11.14	0.84	0.89
7.	V_2S_4	4.79	0.75	8.91	0.68	0.95
8.	V_2S_5	6.24	0.82	7.76	0.40	0.87
9.	V_2S_6	5.89	1.12	7.84	0.78	0.69
10.	V_2S_7	5.95	1.17	10.6	0.49	1.14
11.	V_2S_8	5.61	0.78	5.44	0.67	0.71
12.	V_2S_9	7.57	1.45	8.62	0.56	0.68
13.	V_3S_1	6.21	0.97	7.43	0.66	0.90
14.	V_4S_1	5.87	1.42	10.52	0.51	0.59
15.	V_4S_2	6.89	1.47	12.48	0.89	0.80
16.	V_4S_3	6.28	1.89	6.94	0.61	1.29
17.	V_5S_1	5.50	0.88	9.17	0.72	0.99
18.	V_5S_2	5.38	0.92	9.40	0.54	0.98
19.	V_5S_3	4.24	0.84	8.87	0.48	0.80
20.	V_6S_1	7.12	0.65	12.0	0.72	0.60
21.	V_6S_2	5.19	1.42	11.42	0.71	0.82
22.	V_6S_3	4.44	1.38	6.84	0.63	0.99
23.	V_6S_4	5.89	0.76	9.33	0.56	1.35
24.	V_6S_5	4.68	1.43	10.10	0.63	0.69
25.	V_6S_6	5.60	1.75	8.79	0.54	0.49
26.	V_6S_7	6.42	1.27	12.90	0.82	0.60
27.	V_6S_8	7.58	1.88	11.86	0.59	0.70
28.	V_6S_9	4.15	1.13	12.42	0.67	0.84
29.	V_6S_{10}	6.85	0.92	9.12	0.89	0.86
30.	V_7S_1	4.72	0.90	14.37	0.90	0.72
31.	V_7S_2	5.32	1.62	6.82	0.46	0.55
32.	V_8S_1	6.35	1.07	13.72	0.87	0.59
33.	V_9S_2	5.42	0.67	13.02	0.66	0.69
34.	V_9S_1	7.10	0.79	12.65	0.68	0.79
35.	V_9S_2	6.37	1.26	11.97	0.59	0.89
36.	V_9S_3	5.90	1.30	8.07	0.43	0.70
37.	V_9S_4	6.10	0.89	7.31	0.54	0.57
38.	V_9S_5	4.80	1.21	9.21	0.65	0.99
39.	V_9S_6	5.57	1.84	10.44	0.68	0.95
40.	V_9S_8	369	0.86	9.54	0.60	0.89
41.	V_9S_9	6.20	0.97	8.99	0.43	0.69
42.	$V_{10}S_1$	6.37	1.47	12.67	0.84	1.28
43.	$V_{10}S_2$	5.40	1.28	10.44	0.50	0.80
44.	$V_{10}S_3$	4.62	0.76	7.92	0.52	0.70
45.	$V_{11}S_1$	4.95	1.32	6.89	0.47	0.59
46.	$V_{11}S_2$	5.65	1.36	9.92	0.68	0.62
47.	$V_{11}S_3$	5.71	0.73	10.98	0.71	0.98
48.	$V_{11}S_4$	7.72	1.64	14.42	0.49	0.60
49.	$V_{12}S_1$	6.30	0.95	6.72	0.89	0.76
50.	$V_{12}S_2$	6.14	1.29	7.53	0.65	0.75
Mean		**5.69**	**1.15**	**9.75**	**0.64**	**0.79**

Table 4.16 Categorization DTPA extractable iron turmeric growing areas of Vasmat tahsil.

Sr.no	Village	No. of sample	DTPA extractable Fe (mg kg^{-1})		Categorization					
					Low (<2.5)		Medium (2.5 - 5)		High (> 5)	
			Range	Mean	No.	%	No.	%	No.	%
1	Amba	3	3.54-6.17	4.97	-	-	1	33.3	2	66.6
2	Dhanora	9	4.17-7.57	5.66	-	-	2	22.2	7	77.7
3	Hayatnagar	1	6.21	-	-	-	-	-	1	100
4	Lingi	3	5.87-6.89	6.34	-	-	-	-	3	100
5	Mohamdpurwadi	3	4.24-5.50	5.04	-	-	1	33.3	2	66.6
6	Pimprala	10	4.15-7.58	5.79	-	-	3	30	7	70
7	Phata	2	4.72-5.32	5.02	-	-	1	50	1	50
8	Raywadi	1	6.35	-	-	-	-	-	1	100
9	Pangrasati	9	3.69-7.10	5.68	-	-	2	22.2	7	77.7
10	Telgaon	3	4.62-6.37	5.46	-	-	1	33.3	2	66.6
11	Vasmat	4	4.95-7.72	6.0	-	-	1	25	3	75
12	Hatta	2	6.14-6.30	6.22	-	-	-	-	2	100
Average				5.61			12	24	38	76

Table 4.17 Categorization of DTPA extractable Copper turmeric growing areas of Vasmat tahsil.

Sr.no	Village	No. of sample	DTPA extractable Cu (mg kg^{-1})		Categorization Low (<0.3)		Medium (0.3-0.5)		High (> 0.5)	
			Range	Mean	No.	%	No.	%	No.	%
1	Amba	3	0.85-1.32	1.02	-	-	-	-	3	100
2	Dhanora	9	0.75-1.45	1.04	-	-	-	-	3	100
3	Hayatnagar	1	0.97	-	-	-	-	-	1	100
4	Lingi	3	1.42-1.89	1.59	-	-	-	-	3	100
5	Mohamdpurwadi	3	0.84-0.92	0.88	-	-	-	-	3	100
6	Pimprala	10	0.65-1.88	1.26	-	-	-	-	10	100
7	Phata	2	0.90-1.62	1.26	-	-	-	-	2	100
8	Raywadi	1	1.07	-	-	-	-	-	1	100
9	Pangrasati	9	0.67-1.84	1.08	-	-	-	-	9	100
10	Telgaon	3	0.76-1.47	1.17	-	-	-	-	3	100
11	Vasmat	4	0.73-1.64	1.26	-	-	-	-	4	100
12	Hatta	2	0.95-1.29	1.12	-	-	-	-	2	100
	Average			1.16	-	-	-	-	50	100

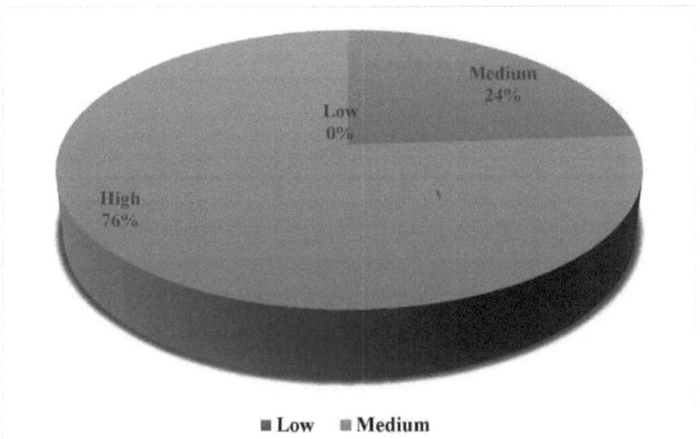

Fig. 4.11 Categorização dos solos de cultivo de açafrão-da-terra com base no ferro extraível por DTPA.

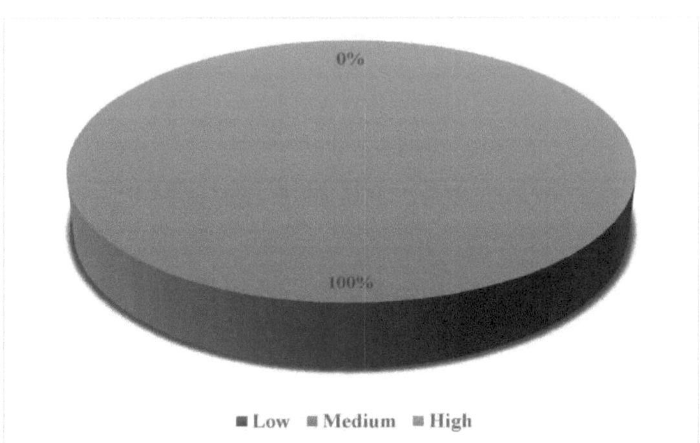

Fig. 4.12 Categorização dos solos de cultivo de açafrão-da-terra com base no cobre extraível por DTPA.

Table 4.18 Categorization of DTPA extractable Zinc turmeric growing areas of Vasmat tahsil.

Sr.no	Village	No. of sample	DTPA extractable Zn (mg kg^{-1})		Low (< 0.6)		Medium (0.6 - 1.2)		High (> 1.2)	
			Range	Mean	No.	%	No.	%	No.	%
1	Amba	3	0.66-0.72	0.68	-	-	3	100	-	-
2	Dhanora	9	0.40-0.84	0.61	5	55.5	4	44.4	-	-
3	Hayatnagar	1	0.66	-	1	100	-	-	-	-
4	Lingi	3	0.51-0.89	0.67	1	33.3	2	66.6	-	-
5	Mohamdpurwadi	3	0.48-0.72	0.58	2	66.6	1	33.3	-	-
6	Pimprala	10	0.54-0.89	0.67	3	30	7	70	-	-
7	Phata	2	0.46-0.90	0.68	1	50	1	50	-	-
8	Raywadi	1	0.87	-	-	-	1	100	-	-
9	Pangrasati	9	0.43-0.68	0.58	2	22.2	7	77.7	-	-
10	Telgaon	3	0.50-0.84	0.62	2	66.6	1	33.3	-	-
11	Vasmat	4	0.47-0.71	0.58	2	50	2	50	-	-
12	Hatta	2	0.65-0.89	0.77	2	100	-	-	-	-
Average				0.64	21	42	29	58		

Table 4.19 Categorization of DTPA extractable Manganese turmeric growing areas of Vasmat tahsil.

Sr.no	Village	No. of sample	Categorization								
			DTPA extractable Mn (mg kg^{-1})		Low (< 2)		Medium (2 - 5)		High (> 5)	
			Range	Mean	No.	%	No.	%	No.	%
1	Amba	3	8.37-10.17	9.31	-	-	-	-	3	100
2	Dhanora	9	5.44-11.14	8.52	-	-	-	-	9	100
3	Hayatnagar	1	7.43	-	-	-	-	-	1	100
4	Lingi	3	6.94-12.48	9.98	-	-	-	-	3	100
5	Mohamdpurwadi	3	8.87-9.40	9.14	-	-	-	-	3	100
6	Pimprala	10	6.84-12.90	10.47	-	-	-	-	10	100
7	Phata	2	6.82-14.37	10.59	-	-	-	-	2	100
8	Raywadi	1	13.72	-	-	-	-	-	1	100
9	Pangrasati	9	7.31-13.02	10.13	-	-	-	-	9	100
10	Telgaon	3	7.92-12.67	10.34	-	-	-	-	3	100
11	Vasmat	4	6.89-14.42	10.55	-	-	-	-	4	100
12	Hatta	2	6.72-7.53	7.12	-	-	-	-	2	100
Average				9.615					50	100

97

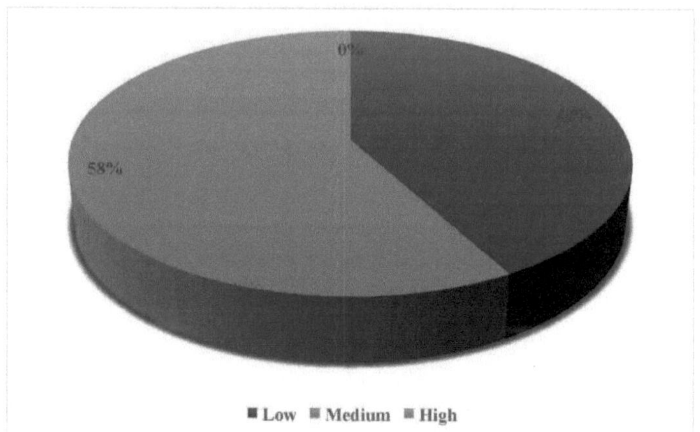

Fig. 4.13 Categorização dos solos de cultivo de açafrão-da-terra com base no zinco extraível por DTPA.

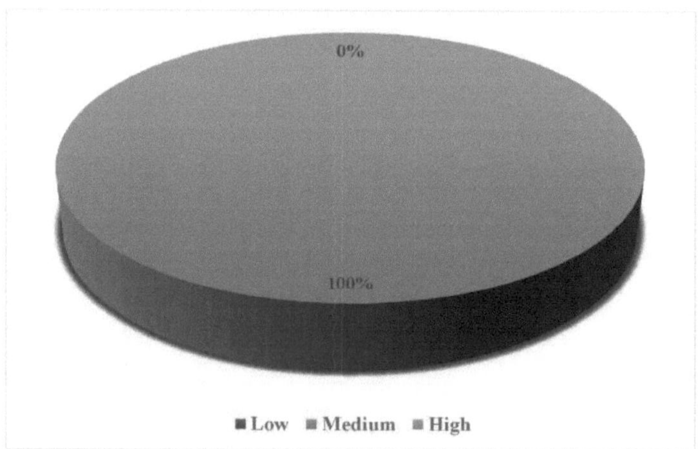

Fig. 4.14 Categorização dos solos de cultivo de açafrão-da-terra com base no magnésio extraível com DTPA.

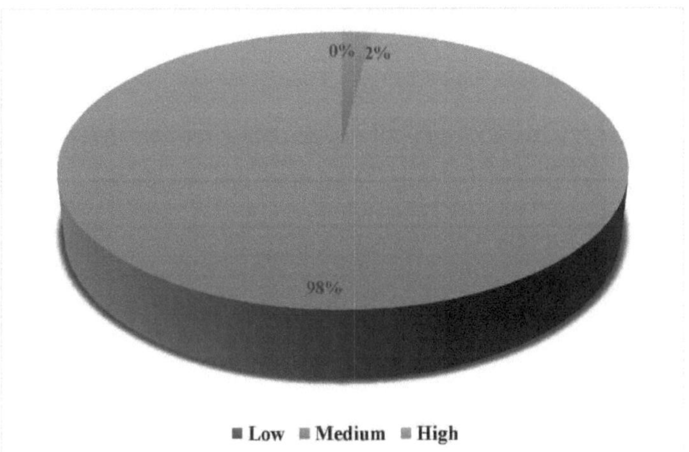

Fig. 4.15 Categorização dos solos de cultivo de açafrão-da-terra com base no boro disponível.

Table 4.20 Categorization of available boron turmeric growing Areas of Vasmat tahsil.

Sr.no	Village	No. of sample	Available Boron (mg kg^{-1})		Low (<0.1)		Medium (0.1 -0.5)		High (> 0.5)	
			Range	Mean	No.	%	No.	%	No.	%
1	Amba	3	0.50-0.78	0.63	-	-	-	-	3	100
2	Dhanora	9	0.42-1.14	0.81	-	-	1	11.1	8	88.8
3	Hayatnagar	1	0.90	-	-	-	-	-	1	100
4	Lingi	3	0.59-1.29	0.89	-	-	-	-	3	100
5	Mohamdpurwadi	3	0.80-0.99	0.93	-	-	-	-	3	100
6	Pimprala	10	0.60-1.35	0.79	-	-	-	-	10	100
7	Phata	2	0.55-0.72	0.64	-	-	-	-	2	100
8	Raywadi	1	0.59	-	-	-	-	-	1	100
9	Pangrasati	9	0.57-0.99	0.79	-	-	-	-	9	100
10	Telgaon	3	0.70-1.28	0.93	-	-	-	-	3	100
11	Vasmat	4	0.59-0.988	0.70	-	-	-	-	4	100
12	Hatta	2	0.75-0.760	0.75	-	-	-	-	2	100
Average				0.78			1	2	49	98

4.6 Situação socioeconómica dos agricultores que cultivam açafrão-da-terra.

As características socioeconómicas são uma medida económica e sociológica total combinada da experiência de trabalho de uma pessoa e da sua posição económica ou social em relação a outras, com base no rendimento, educação e ocupação. É geralmente conceptualizada como uma posição ou classe social de um indivíduo ou grupo.

Assim, o estudo das características socioeconómicas dos agricultores que cultivam açafrão-da-terra orgânico em Vasmat tahsil fornece um quadro da sua posição ou classe social na área de estudo. As características socioeconómicas, nomeadamente o sexo, a idade, o nível de instrução, a profissão, o rendimento familiar, a dimensão da família e a mão de obra familiar, o gado e o padrão de cultivo, a propriedade fundiária, foram estudadas e apresentadas em quadros.

4.6.1. Género

Quadro 4.21 Género do agricultor que adopta a curcuma biológica no tahsil de Vasmat.

Particulars	Organic turmeric adopter	
Gender	Frequency	Per cent
i) Male	48	96
ii) Female	2	4
	50	**100**

A agricultura não se restringe a nenhum género em particular; tanto os homens como as mulheres podem participar ativamente, dependendo dos bens que cada um possui. Mas nesta área, há alguns factores que impedem a participação ativa das mulheres na agricultura.

Observa-se no Quadro 4.21 que a proporção de agricultores do sexo masculino para o sexo feminino é de 4% e a de agricultores do sexo masculino é de

96%.

4.6.2 Idade

A idade é um dos factores importantes que influenciam a atitude empresarial de várias formas, o que, em última análise, afecta a capacidade de gestão, a competência e o discernimento nos negócios. O quadro mostra que, em média, os jovens precisam de melhorar o seu nível de vida, pelo que preferem as culturas de rendimento e de elevado valor e que, durante a velhice, a sua capacidade de assumir riscos diminui e a sua autoridade para tomar decisões muda

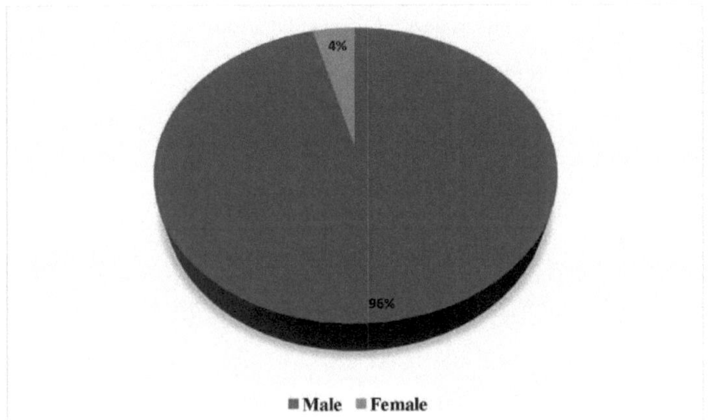

Fig. 4.16 Género do agricultor que adopta a curcuma biológica em Vasmat tahsil

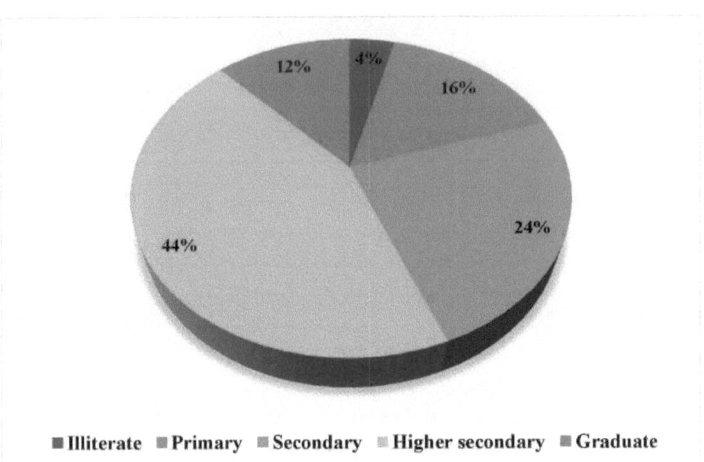

Fig. 4.17 Categorização do nível de instrução do agricultor de açafrão-da-terra biológico.

O resultado indicou que as pessoas de meia-idade estavam entusiasmadas com a produção biológica de curcuma. (Quadro 4.22).

Quadro 4.22 Idade média dos agricultores produtores de açafrão-da-terra biológico do tahsil de Vasmat.

Particulars	Organic turmeric adopter
	Average
Age	43.20

Os dados recolhidos indicam que a idade média dos produtores de curcuma biológica de Vasmat tahsil é de 43,20 anos.

4.6.3 Nível de escolaridade

Quadro 4.23 Categorização do nível de instrução dos produtores de açafrão-da-terra biológico de Vasmat tahsil.

Particulars	Organic turmeric adopter	
Education	Frequency	Percentage
i) Illiterate	2	4
ii) Primary	8	16
iii) Secondary	12	24
iv) Higher Secondary	22	44
v) Graduate	6	12
Total	50	100

A educação é outro fator importante que influencia a capacidade de gestão e técnica de qualquer empresa. Observa-se no Quadro 4.23 que 4% dos agricultores são analfabetos, 16% têm o ensino primário, 24% o ensino secundário, 44% dos agricultores têm o ensino secundário superior e 12% são licenciados.

4.6.4 Situação profissional

Tabela 4.24 Categorização do estatuto profissional do agricultor de açafrão-da-terra biológico.

Particulars	Organic turmeric adopter	
Occupation	frequency	Per cent
i) Agriculture	46	92
ii) Service	2	4
iii) Business	2	4
Total	**50**	**100**

A profissão mostra a área de interesse da pessoa no terreno. Por conseguinte, esforça-se por tornar essa empresa bem sucedida. Quadro 4.24. O rendimento médio anual é de 1.48.0000 euros. A adoção da curcuma biológica teve um grande impacto no seu rendimento devido ao elevado preço de mercado da sua mercadoria e à maior procura no mercado de produtos biológicos. Os restantes 8% estavam envolvidos em negócios ou serviços ou em ambos para a sua subsistência.

4.6.5 Dimensão da exploração

Quadro 4.25 Categorização da dimensão das explorações agrícolas dos produtores de açafrão-da-terra biológico.

Particulars	Organic turmeric adopter	
Farm size	frequency	per cent
i) Marginal	2	4
ii) Small	10	20
iii) Semi Medium	25	50
iv) Medium	9	18
v) Large	4	8
Total	**50**	**100**

A dimensão da exploração agrícola desempenha um papel importante na decisão sobre o tipo de empresas que os agricultores empreendem e a dimensão da terra a ser colocada em cada uma dessas empresas. Os resultados do estudo mostraram que, no Quadro 4.25, a maioria dos agricultores na área de estudo são 4% de agricultores marginais, 20% de pequenos agricultores, 50%

de semi-médios agricultores, 18% de médios agricultores e 8% de grandes agricultores.

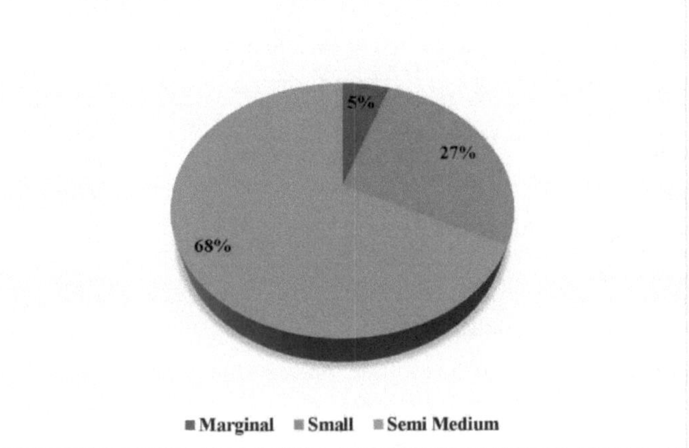

Fig. 4.18 Categorização do estatuto profissional do agricultor de açafrão-da-terra biológico.

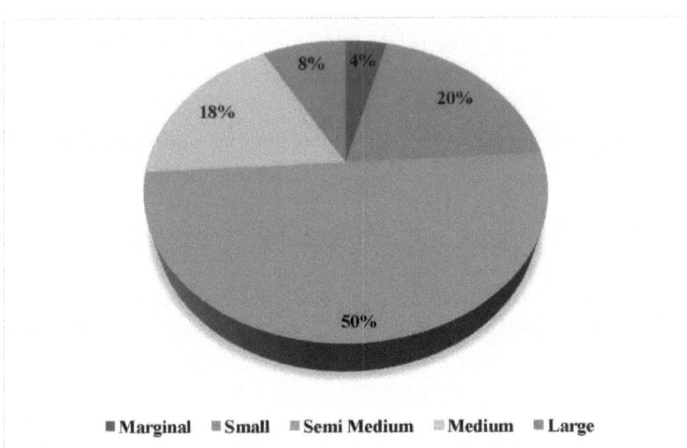

Fig. 4.19 Categorização da dimensão da exploração dos agricultores que cultivam açafrão-da-terra biológico.

4.6.6 Tipo de família

Quadro 4.26 Categorização do tipo de família dos produtores de açafrão-da-terra biológico.

Particulars	Organic turmeric adopter	
Family Type	**frequency**	**per cent**
i) Joint	12	24
ii) Nucleous	38	76
Total	**50**	**100**

A dinâmica familiar desempenha um papel significativo na forma como as decisões são tomadas na exploração agrícola. Em alguns tipos de família, a tomada de decisões pode ser colaborativa, enquanto noutros pode ser hierárquica. A forma como os membros da família comunicam e cooperam pode ter impacto no sucesso da exploração agrícola. A Tabela 4.26 mostra que a família dos produtores orgânicos de açafrão-da-terra era, em média, composta por 24% de famílias conjuntas e 76% de famílias nucleares.

4.6.7 Dimensão do efetivo pecuário

Quadro 4.27 Categorização do gado dos agricultores que cultivam açafrão orgânico.

Particulars	Adopter organic turmeric		
Livestock size	Frequency	Average	Per cent
i) Bullock pair	27	0.54	18.12
ii) Cows	53	1.06	35.5
iii) Buffaloes	20	0.4	13.42
Iv) Goat	49	0.9	32.8
v) others	0	0	0.00
Total	**149**	**2.98**	**100**

O gado é um ativo importante da produção de culturas biológicas. No quadro 4.27, o número de cabeças de gado inclui 18,12 por cento de pares de bois, 35,5 por cento de vacas, 32,8 por cento de cabras e 13,42 por cento de búfalos. A agricultura é sazonal por natureza; o seu lucro é realizado apenas nessa estação. Por conseguinte, para fazer face às suas despesas familiares e agrícolas quotidianas, a criação de gado e de aves de capoeira é uma empresa complementar adequada à agricultura.

4.6.8 Exploração fundiária

Quadro 4.28 Dimensão média da propriedade fundiária dos agricultores que cultivam açafrão-da-terra biológico.

Sr. No.	Particulars	Organic turmeric adopter	
		Area(ha)	Percent
1	i) Irrigated	1.4	45.80
	ii) Rainfed	1.1	41.98
	Subtotal	**2.5**	-
2	Uncultivated	0.12	4.58
	Grand Total	**2.62**	**100**

A exploração média das terras dos agricultores produtores de curcuma biológica é apresentada no Quadro 4.28. O total de terras de regadio e de sequeiro foi de 1,4 e 1,1 hactare, respetivamente. Os agricultores têm também alguma terra não cultivada que foi utilizada em lagos agrícolas, poços, galpões para aves de capoeira, galpões para gado, etc., que foi quase 0,12 hactare em média

4.6.9 Padrão de cultivo

O padrão de cultivo é o fator importante que influencia os custos e os rendimentos da exploração agrícola. Também determina o potencial de emprego na exploração, uma vez que diferentes culturas requerem diferentes quantidades de unidades de trabalho.

Quadro 4.29 Padrão de cultivo da propriedade dos agricultores que cultivam açafrão-da-terra biológico.

Season	Crop	Organic turmeric adopter	
		Area (ha)	Per cent
I Kharif	Soyabean	0.63	60
	Red Gram	0.20	19.04
	Cotton	0.10	9.52
	Kharif Sorghum	0.12	11.42
	Sub total (I)	**1.05**	**100**
II Rabi	Wheat	0.30	31.25
	Gram	0.66	68.75
	Sub total (II)	**0.96**	**100**
III Summer	Vegetables	0.03	21.43
	Others	0.11	78.57
	Sub total (III)	**0.14**	**100**
IV Annual	Turmeric	0.84	89.36
	Sugarcane	0.12	12.76
	Subtotal (IV)	**0.94**	**100**
	Gross cropped area	**3.09**	-
	Net cultivated area	**2.01**	-
	Cropping intensity (%)	**1.53**	-

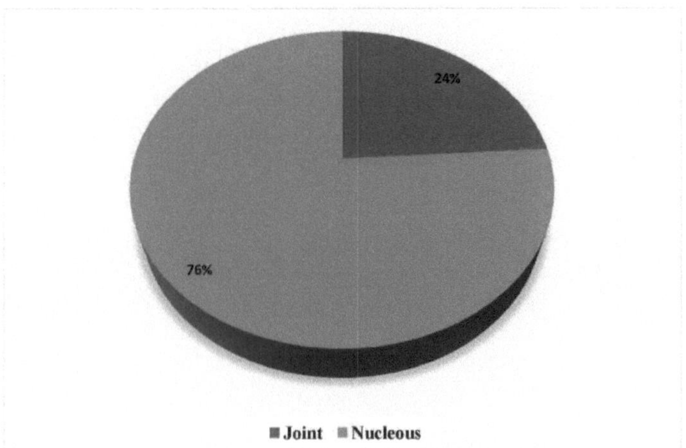

Fig. 4.20 Categorização do tipo de família dos agricultores que cultivam
açafrão orgânico.

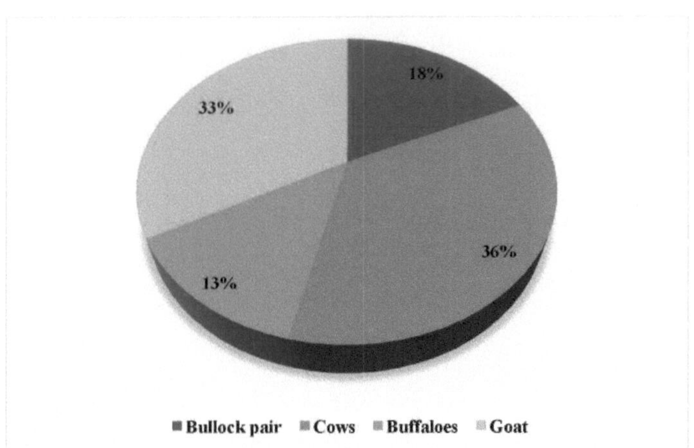

Fig. 4.21 Categorização do gado dos agricultores que cultivam açafrão
orgânico.

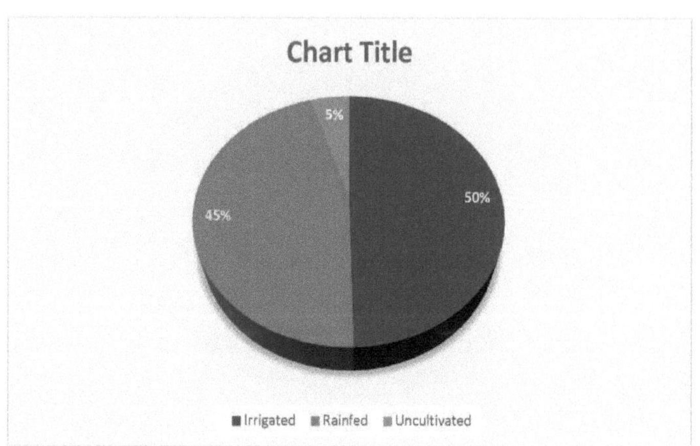

Fig. 4.22 Dimensão média da propriedade dos agricultores que cultivam açafrão-da-terra biológico.

A Tabela 4.29 dá uma ideia sobre a área cultivada com diferentes culturas em diferentes épocas pelos agricultores que cultivam açafrão-da-terra. Observa-se no quadro que o padrão de cultivo, a área bruta cultivada observada 3,09 ha, a área líquida cultivada 2,01 ha e a intensidade de cultivo 1,53 por cento.

Entre as diferentes culturas da kharif, a soja, a grama vermelha, o algodão e o sorgo são as principais culturas, enquanto que na rabi o trigo e a grama são as principais culturas. Alguns agricultores, que dispõem de uma boa fonte de irrigação, também cultivam legumes no verão. As principais culturas anuais são a curcuma e a cana-de-açúcar.

4.6.10 Constrangimentos e perspectivas na adoção da tecnologia de produção biológica de curcuma:

As circunstâncias que impedem os agricultores de adotar uma tecnologia melhorada são conhecidas como constrangimentos. O esforço da presente investigação consistiu em saber o que e por que razão os agricultores não adoptam as práticas tecnológicas inovadoras e quais são as condições que impedem os agricultores de adotar a tecnologia de produção de culturas biológicas.

Os constrangimentos enfrentados pelos produtores de curcuma biológica na sua adoção são apresentados e discutidos nos seis aspectos principais que se seguem.

(A) Restrição pessoal
1) Falta de conhecimento
2) Falta de educação
3) Mais idade
4) Família numerosa

(B) Constrangimento socioeconómico
1) Pequena propriedade
2) Custo elevado dos factores de produção
3) Rendimento baixo

4) Não disponibilidade de crédito em tempo útil

5) Falta de motivação social

(C) Constrangimento de comunicação

1) Não disponibilidade de informação em tempo útil

2) Formação em práticas de pacotes Gram

3) Não disponibilidade de meios de informação

(D) Restrição tecnológica

1) Não disponibilidade de factores de produção no momento oportuno

2) Indisponibilidade de alimentação eléctrica adequada

3) Falta de instalações de irrigação

4) Baixa mecanização

(E) Condicionalismos agronómicos

1) Alta incidência de pragas

2) Elevada incidência de doenças fúngicas

3) Danos nas culturas devido a chuvas irregulares

4) Estado de fertilidade do solo

(F) Restrições de marketing

1) O preço mínimo de apoio não é adequado

2) Atraso nos concursos públicos

3) Preço baixo no momento da colheita

4) Poucas infra-estruturas no mercado

5) Baixa acessibilidade ao mercado

6) Falta de meios de transporte

7) Falta de pagamento imediato após a venda

8) Falta de classificação adequada

As perspectivas de adoção pelos produtores de curcuma biológica são apresentadas a seguir

1) Incentiva os agricultores a utilizarem factores de produção caseiros de baixo custo.

2) Conservação da biodiversidade sã e livre de doenças.

3) Prevenção da poluição do solo e da água devido à eliminação da utilização de produtos químicos.

4)	Procura dos produtos oragânicos no mercado.

5)	Valor de mercado elevado para o produto por unidade.

6)	Garantia de sustentabilidade futura.

7)	Recicla os resíduos animais para a exploração agrícola.

8)	Vantagens para a saúde devido ao facto de não utilizar pesticidas químicos.

9)	Menos poluição do solo devido ao facto de não utilizar fertilizantes sintéticos.

10)	Sustentabilidade na saúde do solo devido ao aumento da utilização de insumos orgânicos.

CAPÍTULO 5: RESUMO E CONCLUSÃO

A presente investigação foi realizada durante 2021-2022 para avaliar o estado dos nutrientes do solo em áreas de cultivo orgânico de curcuma sob Vasmat tahsil do distrito de Hingoli. Cinquenta agricultores que adoptaram a agricultura biológica para o cultivo de curcuma foram seleccionados de 12 aldeias diferentes com a ajuda da Agência de Gestão da Tecnologia Agrícola (ATMA), Departamento Estatal de Agricultura Vasmat, distrito de Hingoli, que estavam ligados em diferentes grupos de agricultura biológica de diferentes aldeias com (ATMA) Vasmat. As amostras de solo foram recolhidas na fase de senescência através de um sistema de localização baseado em GPS. Estas amostras de solo foram posteriormente analisadas para o estudo de algumas propriedades físicas, nomeadamente a densidade aparente, a densidade das partículas, a cor do solo, a capacidade de retenção de água e a textura do solo. Propriedades químicas como o pH, a CE, o carbono orgânico, o carbonato de cálcio e os principais nutrientes N, P, K, S, Ca e Mg permutáveis. Os resultados obtidos são resumidos neste capítulo. Foram recolhidos dados com base num questionário para estudar a situação social dos agricultores.

5.1 Propriedades físicas do solo orgânico de cultivo de açafrão-da-terra de Vasmat Tahsil

A densidade aparente dos solos de cultivo de curcuma variou entre 1,16 e 1,32 Mg m^{-3} com um valor médio de 1,24 Mg m^{-3} . A densidade aparente mais baixa foi observada em Amba, Dhanora e Pimprala e a mais elevada em Lingi e Pangrasati.

A densidade de partículas dos solos de cultivo de açafrão-da-terra variou entre 2,27 e 2,59 Mg m^{-} 3 com um valor médio de 2,41 Mg m^{-3} . A densidade de partículas mais elevada e mais baixa foram encontradas na aldeia de Vasmat.

A capacidade de retenção de água dos solos de cultivo de açafrão-da-terra foi de 66,3 a
76.2 com um valor médio de 70,5%, a maior capacidade de retenção de água foi registada na aldeia de Dhanora. A menor capacidade de retenção de água foi registada na aldeia de Pangrasati.

A textura do solo orgânico de cultivo de açafrão-da-terra é de natureza argilosa a franco-argilosa. A cor do solo é castanho-escuro, castanho-acinzentado, castanho-acinzentado escuro, castanho e cinzento muito escuro.

5.2 Propriedades químicas do solo orgânico de cultivo de açafrão-da-terra de Vasmat Tahsil

O pH médio do solo das áreas de cultivo de açafrão-da-terra variou entre 7,31 e 7,81, com um valor médio de 7,51, sendo o valor mais baixo de pH observado em Vasmat. O pH elevado registado na aldeia de Mohamdpurwadi, a maior parte da amostra de solo foi neutra a ligeiramente alcalina nos solos de Vasmat tahsil.

A condutividade eléctrica média do solo de cultivo de açafrão-da-terra variou entre 0,202 e 0,304 dSm^{-1} com uma média de 0,248 dSm^{-1} . A condutividade eléctrica mais elevada, 0,304 dSm^{-1} , foi registada na amostra da aldeia de Mohamdpurwadi, enquanto a condutividade eléctrica mais baixa, 0,202 dSm^{-1} , foi registada na aldeia de Vasmat. Todas as amostras de solo têm uma gama segura de condutividade eléctrica para o crescimento das culturas.

O teor médio de carbono orgânico dos solos variou de 6,1 a 9,9 g kg^{-1} com um valor médio de 8,6 g kg^{-1} . O teor mais baixo de carbono orgânico foi observado na amostra de Mohamdpurwadi 6,1 g kg^{-1} e o teor mais alto de carbono orgânico foi observado na aldeia Phata e Pangrasati que é 9,9 g kg^{-1} . O teor de carbono orgânico nos solos de cultivo de açafrão-da-terra é médio a elevado.

O teor médio de carbonato de cálcio variou entre 5,7 e 14,2 por cento com um valor médio de 9,26 por cento e o carbonato de cálcio mais baixo foi registado na aldeia de Dhanora (5,7) por cento e o mais alto (14,2) por cento de carbonato de cálcio foi registado na aldeia de Pangrasati. Os solos de Vasmat tahsil apresentam uma tonalidade calcária a altamente calcária.

5.3 Estado dos macronutrientes disponíveis no solo orgânico de cultivo de açafrão-da-terra.

O teor médio de azoto disponível em todas as 12 aldeias varia entre 178,7 e

291.6 kg ha⁻¹ com valor médio de 243,4 kg ha⁻¹ . O azoto disponível mais baixo foi registado na amostra da aldeia de Pangrasati 178,7 kg ha⁻¹ e o azoto disponível mais elevado foi registado na amostra da aldeia de Dhanora 291,6 kg ha⁻¹ , todas as amostras de solo recolhidas foram registadas como sendo de gama baixa a média.

O estado do fósforo disponível variou entre 17,6 e 24,5 kg ha⁻¹ com valor médio de 20,56 kg ha⁻¹ . O teor de fósforo mais baixo foi observado em amostras da aldeia Lingi 17,6 kg ha⁻¹ e o fósforo disponível mais elevado foi encontrado em amostras de duas aldeias Pangrasati e Vasmat 24,5 kg ha⁻¹ , o estado do fósforo disponível foi considerado médio a elevado.

O potássio disponível variou de 639,9 a 843,3 kg ha⁻¹ com valor médio de 750,8 kg ha⁻¹ . O menor teor de potássio, 639,9 kg ha⁻¹ , foi observado na amostra da aldeia Mohamadpurwadi e a maior quantidade de potássio, 843,3 kg ha⁻¹ , foi encontrada na amostra da aldeia Pimprala. Todas as amostras são classificadas como tendo um elevado teor de potássio disponível.

5.4 Estado dos nutrientes secundários do solo orgânico de cultivo de açafrão-da-terra de Vasmat Tahsil.

O enxofre disponível nestes solos variou de 18,1 a 28,9 kg ha⁻¹ com uma média de 24,5 kg ha⁻¹ . O maior teor de enxofre disponível foi observado na aldeia de Vasmat
28.9 kg ha-1 e o menor teor de enxofre foi encontrado na aldeia Dhanora 18,1 kg ha⁻¹ Todas as amostras são classificadas de baixo a alto em teor de enxofre disponível.

O cálcio permutável de cinquenta amostras de solo recolhidas varia entre
26.3 a 38,7 Cmol (p+) kg⁻¹ . O cálcio permutável mais elevado encontra-se na aldeia de Lingi, com 38,7 Cmol (p+) kg⁻¹ . O cálcio mais baixo foi encontrado na aldeia Phata, com 26,3 Cmol (p+) kg⁻¹ . O cálcio permutável médio da amostra de solo recolhida é de 33,04 Cmol (p+) kg⁻¹ , todas as amostras de solo da aldeia recolhida são suficientes em cálcio permutável.

O magnésio permutável da amostra de solo recolhida varia entre
15.3 a 23,4 Cmol (p+) kg-1. O magnésio permutável mais alto foi encontrado na

aldeia de Pangrasati, com 23,4 Cmol (p+) kg-1. O magnésio mais baixo foi encontrado na aldeia de Vasmat, com 15,3 Cmol (p+) kg-1. O magnésio permutável médio da amostra de solo recolhida é de 20,44 Cmol (p+) kg-1, todas as amostras de solo da aldeia recolhida são suficientes em magnésio permutável.

5.5 Micronutrientes extraíveis por DTPA e estado do boro disponível no solo orgânico de cultivo de curcuma de Vasmat Tahsil.

A média de ferro extraível por DTPA variou entre 3,54 e 7,72 mg kg^{-1} , com um valor médio de 5,69 mg kg-^{1} . O ferro extraível mais baixo foi registado na aldeia de Amba, com 3,54 mg kg^{-1} . Enquanto o teor de ferro mais elevado no solo foi observado na amostra da aldeia de Vasmat, com 7,72 mg kg^{-1} . O estado do ferro extraível por DTPA é de médio a alto na classificação.

O cobre extraível por DTPA variou entre 0,65 e 1,89 mg kg^{-1} com um valor médio de 1,15 mg kg^{-1} . O Cobre extraível por DTPA mais baixo foi registado na aldeia de Pimprala 0,65 mg kg^{-1} . enquanto o teor de Cobre mais elevado no solo foi registado na amostra da aldeia de Lingi 1,89 mg kg^{-1} . O estado do cobre extraível por DTPA é elevado. O zinco extraível por DTPA no solo variou entre 0,40 e 0,90 mg kg^{-1} com um valor médio de 0,64 mg kg^{-1} e o teor mais baixo de zinco, 0,40 mg kg^{-1} , foi observado na amostra da aldeia de Dhanora. O teor mais elevado de zinco, 0,90 mg kg^{-1} , foi encontrado na amostra da aldeia de Phata. O teor de zinco foi baixo a médio na categorização.

O manganês disponível nos solos de cultivo de curcuma de Vasmat tahsil variou de 5,44 a 14,42 mg kg^{-1} com um valor médio de 9,75 mg kg^{-1} e o valor mínimo de 5,44 mg kg^{-1} de teor de manganês foi registado na amostra da aldeia de Dhanora. O valor máximo de manganês 14,42 mg kg^{-1} foi registado na amostra da aldeia Vasmat. Todas as amostras de solo registaram valores acima do limite crítico.

Os dados indicam que o teor médio de boro do solo de cultivo de curcuma varia entre (0,42 e 1,35 mg kg^{-1}), sendo a média de boro da amostra de solo recolhida de (0,79 mg kg^{-1}). O teor mais elevado de boro foi encontrado na aldeia de Pimprala (1,35 mg kg^{-1}) e o teor mais baixo de boro foi encontrado na aldeia de Dhanora (0,42 mg kg^{-1}).

5.6 Resumo dos resultados do estatuto socioeconómico dos produtores de curcuma biológica.

Ao estudar as características socioeconómicas dos produtores de curcuma biológica, observou-se que 96% dos agricultores do sexo masculino adoptam a curcuma biológica e apenas 4% dos agricultores do sexo feminino. A idade média dos produtores de curcuma biológica registou 43,20 anos. Quanto ao nível de instrução, 4% dos agricultores são analfabetos, 16% dos agricultores têm o ensino primário, 24% dos agricultores têm o ensino secundário, 44% dos agricultores têm o ensino secundário superior e 12% dos agricultores são licenciados.

Quanto à situação profissional dos produtores de açafrão-da-terra biológico, 92% dos agricultores dedicavam-se à agricultura e 4% a actividades comerciais e serviços, respetivamente. A maioria dos agricultores da área de estudo é constituída por 4% de agricultores marginais, 20% de pequenos agricultores, 50% de semi-médios agricultores, 18% de médios agricultores e 8% de grandes agricultores.

De acordo com a dimensão da exploração, a família dos produtores de açafrão-da-terra biológico era, em média, constituída por 24% de famílias conjuntas e 76% de famílias nucleares. O número de cabeças de gado inclui 18,12 por cento de pares de novilhos, 35,5 por cento de vacas, 32,8 por cento de cabras e 13,42 por cento de búfalos. O total de terras dos produtores de curcuma biológica na zona de estudo, irrigadas e de sequeiro, era de 1,4 e 1,1 hectares, respetivamente. O padrão de cultivo dos produtores orgânicos de açafrão-da-terra revelou que a área bruta cultivada observada era de 3,09 ha, a área líquida cultivada de 2,01 ha e a intensidade de cultivo de 1,53%. Os constrangimentos associados aos produtores de curcuma biológica foram o baixo rendimento, a escassez de factores de produção, o ataque de pragas e doenças e a falta de conhecimentos técnicos sobre a produção agrícola, que foram os principais constrangimentos enfrentados pelos produtores de curcuma biológica.

As principais perspectivas de adoção da curcuma biológica pelos produtores são a conservação de uma biodiversidade saudável e isenta de doenças, a prevenção da poluição do solo e da água devido à eliminação da utilização de produtos químicos, a procura de produtos biológicos no mercado, o elevado valor de mercado do produto por unidade e a garantia de sustentabilidade futura.

CONCLUSÃO

A partir dos resultados obtidos, conclui-se que os solos de cultivo orgânico de curcuma permitem tirar as seguintes conclusões:

- Os solos da área de estudo são de textura argilosa a franco-argilosa com boa capacidade de retenção de água. A cor do solo é castanho-escuro, castanho-acinzentado, castanho-acinzentado escuro, castanho e cinzento muito escuro. A densidade aparente e a densidade das partículas são normais e favoráveis ao crescimento das culturas.

- Os solos de cultivo de curcuma em Vasmat tahsil mostraram que o pH do solo era de natureza normal a ligeiramente alcalina na fase de senescência, cerca de 42% das amostras de solo tinham uma reação normal e 58% das amostras de solo eram ligeiramente alcalinas.

- A condutividade eléctrica do solo em todas as amostras de solo a 100 por cento era o limite seguro para o crescimento das culturas

- Entre todas as amostras de solo testadas, 6% das amostras de solo tinham um teor médio de carbono orgânico e 94% das amostras de solo tinham um teor elevado de carbono orgânico. O teor de carbonato de cálcio do solo é calcário em cerca de 70% das amostras de solo, sendo 30% de natureza altamente calcária.

- Todas as amostras de solo das áreas de cultivo de curcuma estão classificadas em 92% de baixo teor de azoto disponível e 8% de teor médio. O teor de fósforo de 56 por cento das amostras era médio e 44 por cento das amostras de solo tinham um teor elevado de fósforo. 100 por cento das amostras de solo foram classificadas como tendo um elevado teor de potássio disponível.

- Enxofre, em que 4% das amostras têm um teor médio de enxofre disponível e 96% um teor elevado de enxofre em áreas de cultivo orgânico de curcuma em solos de Vasmat e 100% de cálcio permutável e magnésio.

- O teor de ferro extraível por DTPA das 76 por cento das amostras de solo era elevado, o das 24 por cento era médio e o das amostras de solo não era baixo. O teor de cobre e de manganês era de 100 por cento, o que era elevado, exceto o teor de zinco, que era baixo a médio, que era de 42 e 58 por cento, respetivamente, nos solos de cultivo de curcuma. O boro disponível em 98% das amostras de solo era de alto teor e em apenas 2% era de nível médio.
- Os agricultores do grupo de meia-idade estão muito entusiasmados com a adoção de culturas biológicas, os agricultores do sexo masculino são dominantes, a maioria dos agricultores tem um nível de ensino secundário mais elevado e 92% dos agricultores dependem da agricultura para a sua subsistência.
- A propriedade fundiária era semi-média a pequena, os principais agricultores são nucléolos na sua família. Os principais produtores criavam gado, sendo a população de vacas dominante. Na kharif, a soja era a principal cultura no seu padrão de cultivo, no rabi o trigo e a curcuma anual eram as principais culturas.
- Principal obstáculo ao baixo rendimento da produção de culturas biológicas nos primeiros anos.

LITERATURA CITADA

Adat, S. R., Zagade, T. R. e Chalawade, P. B. (2017). Mapeamento da fertilidade dos solos de Hingoli e Sengaon tehsils do distrito de Hingoli, Índia. *Internacional. Journal of Microbiology and Applied Science.* 6 (05), 2227-2245.

Adekiya, A.O e Agbede, T. M. (2009). Efeitos da lavoura nas propriedades do solo e no desempenho da batata-doce em um Alfisol no sudoeste da Nigéria. *American-Eurasian Journal of Sustainable Agriculture, 3*(3), 561-568.

Ahmad, M., & Tripathi, S. K. (2022). Efeito do uso integrado de Vermicomposto, FYM e Fertilizantes Químicos nas Propriedades do Solo e Produtividade do Trigo (Triticum aestivum L.) em Solo Aluvial. *Jornal* 2021;10(12);30-35.

Alane, K.V. (2010). Características físico-químicas e estado nutricional dos solos de *Aundha* e Kalmnuri Tehsils do distrito de Hingoli. (Tese de Mestrado.) Tese apresentada VNMKV, Universidade Agrícola. Parbhani.

Ammannawar, P. B., Kondvilkar, N. B. e Palwe, C. R. (2017) Mapeamento de micronutrientes extraíveis por DTPA e sua relação com as propriedades do solo em Pathardi tehsil do distrito de Ahmednagr (MS). *Revista internacional de estudos químicos.* 5 (5): 2213-2217.

Anal, P. M. (2020). Influência da gestão de nutrientes orgânicos e variedade na produtividade e qualidade da cúrcuma no sopé dos Himalaias Orientais. *Indian Journal OfHorticulture, 77*(4), 676-680.

Aundhakar, A.V., Vaidya, P.H., Ingole, A.J. & Ghode, M.K. (2018). Caracterização, classificação e avaliação de solos na região de cultivo de algodão do distrito de Beed, Maharashtra. *Jornal de Farmacognosia e Fitoquímica.* 7(5), 1977-1981.

Babar, K. H. A. N., Ablimit, A., Mahmood, R., e Qasim, M. (2007).

As folhas de Robinia pseudoacacia melhoram as propriedades físicas e químicas do solo. *2*(4), 266-271.

Bacchewar, G.K. Gajbhiye, B.R. (2011). Estudos de correlação sobre nutrientes secundários e propriedades do solo em solos do distrito de Latur de Maharashtra. *Investigação* 105

Beg, k., e Chaurey, R., (2018) Avaliação da fertilidade do solo e do estado dos nutrientes de Simrawal e parte da bacia hidrográfica de Asrawal, sub-bacia de tons, bacia de ganga-. Revista internacional de investigação e gestão científica avançada. 3 (6), 2455-6378.

Berger, K.C. e Truog. E (1939) Boron determination in soil and plant Industrial & Engineering Chemistry Analytical. 11 (10), 540-545.

Bharambe, P. R. and Ghonsikar, C. P. (1985) Physico-chemical characteristics of Jayakwadi command area. Journal of Maharashtra agricultural Univercities.10 (3):247 249.

Bharteey, P. K., Singh, Y. V., Sharma, P. K., Manish Kumar e Avinash Kumar (2017) Estado dos macronutrientes disponíveis e a sua relação com as propriedades físico-químicas do solo no distrito de Mirzapur, em Uttar-Pradesh, Índia. *Revista Internacional de Microbiologia e Ciências Aplicadas.* 6 (7): 2829-2837A

Biradar, R. (2018) Estudos sobre a química do solo do distrito de Latur, Maharashtra, Índia *International Journal of Current Microbiology and Applied Sciences.* 2319- 7706 7(12), 3531-3534.

Black, G. R., e Hartge, K. H. (1986). Densidade a granel. Em métodos de estrutura do solo e migração de materiais coloidais solos. *Soil Sci. Soc. Am. J, 26,* 297-300.

Boraiah, B., Devakumar, N., Palanna, K. B., & Latha, B. (2015). Influência da medula de coco compostada, esterco de curral e aplicação de panchagavya em capsicum nas propriedades químicas do solo.

International Journal of Agriculture Innovations and Research, 3(2), 2319-1473.

Chavhan, G.D. (2020). Estado dos nutrientes do solo em áreas de cultivo de açafrão-da-terra em basmat tahsil do distrito de hingoli (Tese de Mestrado) Tese apresentada a Vasantrao Naik Marathwada Krishi Vidyapeeth, Parbhani, (M.S.).

Chopra, S.L. e Kanwar, J.S. e. (1976) Practical agricultural chemistry (Nova Deli).

Choudhari, S. B., Kausadikar, H. K., Naikwade, S. D. e Takankhar, V. G. (2017) Estado dos macro e micro nutrientes nos solos do distrito de Beed (Maharashtra), Índia. Investigação emergente em ciências da vida 3 (2): 50-53.

Chouhan, S., Daniel, S., David, A. A., e Paul, A. (2017). Análise do status socioeconômico dos agricultores adotou a agrofloresta de Basavanapura e Hejjige Village, Nanjangud, Índia. *Int. J. Curr. Microbiol. App. Sci, 6(7}*, 17451753.

Deshmukh, K. K. (2012). Avaliação do estado de fertilidade do solo da área de Sangamner, distrito de Ahmednagar, Maharashtra, Índia. *Revista Rasayan de Química, 5*(3), 398-406.

Dhok, A. A., Perke, D. S., & Karanjalkar, A. P. (2020). Estudo socioeconómico e índices sazonais do açafrão-da-terra no distrito de Sangli, em Maharashtra.

Doifode, V. D (2020) Efeito dos biofertilizantes no estado do solo dos campos de açafrão-da-terra.

Dupare, B. U., Billore, S. D., e Joshi, O. P. (2010). Problemas dos Agricultores Associados ao Cultivo de Soja em Madhya Pradesh, Índia. *Nong Ye Ke Xue Yu Ji Shu, 4*(6), 71.

Ewulo, B. S., Ojeniyi, S. O., e Akanni, D. A. (2008). Efeito do estrume de aves de capoeira em propriedades físicas e químicas seleccionadas do solo, crescimento, rendimento e estado nutricional do tomate. Jornal Africano de Investigação Agrícola, 3(9), 612-616.

Gabhane, V. V., Jadhao, V. O. e Nagdive, M.B. (2006). Avaliação do solo para o planeamento da utilização do solo de uma microbacia hidrográfica na região de Vidarbha em Maharashtra. *Jornal da Sociedade Indiana de Ciência do Solo.* 54(03), 307-315

Gaikwad, N. V. (2017). Crescimento do cultivo de açafrão-da-terra no distrito de Sangli (Maharashtra). *Transformação agrícola na Índia desde a independência, 91.*

Gajare, A.S., Dhawan, A.S., Ghodke, S.K., Waghmare, Y.M. e Chaudhari, P.L. (2014) Nutrient indexing of Major soybean growing soils of Latur District. *Journal of Soils and Crop* 24 (1), 50-56.

Gajbhey, B. R. e Bhoye, R. C. (2014) Avaliação das fracções de azoto nos solos de Lohara tahsil do distrito de Osmanabad. *Um Jornal Asiático de Ciência do Solo.* 9 (1), 87-93.

Ghode, M. K., Viadya, P.H., Nawkhare, A. D. e Ingole, A.J. (2020) Relação entre propriedades físico-químicas do solo, macro e micronutrientes disponíveis e rendimento em solos de cultivo de algodão do distrito de Nanded. Journal of Pharmacognosy and Photochemistry. 9 (3), 2062-2065.

Ghode, M.K. (2017). Adequação do local do solo da região de cultivo de algodão do distrito de Nanded, Maharashtra. (Tese de Mestrado) Tese apresentada ao VNMKV, Parbhani.

Ghuge S. D. (2002) Avaliação do estado nutricional de um pomar de citrinos selecionado do distrito de Aurangabad através da análise do solo e das plantas Tese de mestrado (Agri) apresentada ao VNMKV Parbhani.

Gogoi, B., Borah, N., Baishya, A., Dutta, S., Nath, D. J., Das, R., & Francaviglia, R. (2021). Tendências de rendimento, frações de carbono do solo e sequestro em um sistema de ricerice do Nordeste da Índia: Efeito de 32 anos de práticas INM. *Field Crops Research, 272,* 108289.

Gopalakrishna V, Suryanarayana Reddy M e Vijayakumar T (1997) Response of

Turmeric to FYM and N fertilization. *Jornal de Pesquisa ANGRAU* 25 (3): 58-59.

Hadole, S. S. Sarap, P. A., Parmar, J. N., Lakhe, S. R., Rakhonde, O. S., Dhule, D. T., Sathynarayan, E., & Nandurkar, S. D., (2020) Estudo das propriedades químicas do solo, enxofre disponível e estado dos micronutrientes dos solos no distrito de Solapur de Maharashtra. *Indian Journal of Pure & Applied Bioscience. 8(6), 67-72.*

Halemani P., Biradar, D. P., Patil, V. C., Janagoudar, B. S., Patil, B. R., e Udikeri, S. S. (2004). Avaliação de genótipos de algodão Bt disponíveis no mercado quanto ao seu desempenho agronómico e rendimento económico. *Karnataka Journal of Agricultural Sciences, 24(3).*

Hatagale, R. K., Rede, G. D., e Nagargoje, S. R. (2023). Socio-economic characteristics of Bt cotton producers in Parbhani district of Maharashtra (Características socioeconómicas dos produtores de algodão Bt no distrito de Parbhani, Maharashtra). *Educação, 15(8.50), 26-56.*

Hati, K. M., Mandai, K. G., Misra, A. K., Ghosh, P. K., & Bandyopadhyay, K. K. (2006). Effect of inorganic fertilizer and farmyard manure on soil physical properties, root distribution, and water-use efficiency of soybean in Vertisols of central India. Bioresource technology, 97(16), 2182-2188.

Hiraye, O.Y. e Takanhar, V.G. (2015). Estado secundário e micronutriente dos solos de Tuljapur tehsil do distrito de Osmanabad em Maharastra. *Jornal da Sociedade Indiana de Ciência do Solo 38 (3), 490-493.*

Hundal, H.S., Rajkumar, Singh, D & Machandra, J.S. (2006). Estado dos nutrientes disponíveis e dos metais pesados nos solos do Punjab, Noroeste da Índia. *Jornal da Sociedade Indiana de Ciência do Solo. 54 (01), 50-56.*

IJRBAT, Issue (IX), Vol. III, Sept 2021: 01-06 e-ISSN 2347 - 517X

Jackson, M. L. (1973). Soil Chemical Analysis, Prentis Hall of India Pvt. Ltd. Nova Deli.

Jackson, M.L. (1958) Soil Chemical Analysis. Prentice Hall, Englewood Cliffs, New Jersey. 498.

Jackson, M.L. (1967). Soil Chemical Analysis, Prentice Hall India Pvt. Ltd., Nova Deli.

Jackson, M.L. (1979) Soil Chemical Analysis - Advanced Course, 2ndEdn. Publ. pelo autor, Universidade de Wisconsin, Madison, EUA.

Jagdale, A., Dhamak, A., Pagar, B., e Wagh, P. (2020). Efeito de diferentes formulações orgânicas no crescimento e rendimento da soja. *Revista Internacional de Estudos Químicos, 8*(4), 1634-1638.

Jagdish prasad.e Ram, H., Singh (2001). Composição química e mineralógica de concreções e calcretes de Fe-Mn que ocorrem em solos sódicos do leste de Uttar Pradesh, Índia. *Soil Research, 39*(3), 641-648.

Jagtap, M., Ramesh Chaudhri, Ritu Thakre e Tulsidas Patil, (2018) Mapeamento do estado dos micronutrientes do solo com base em GPS-GIS e propriedades biológicas *Journal of Pharmacognosy and Photochemistry.* 7 (5), 32703275.

Kachave, T. R., Dhamak, A. L., Ismail, S., e Gajbhiye, B. R. (2020). Impacto de formulações orgânicas ecologicamente corretas e fertilizações inorgânicas na atividade enzimática e na população microbiana em solos cultivados com tomate. Journal of Pharmacognosy and Phytochemistry, 9(2), 2039-2043.

Kadam, J. H., e Kamble, B. M. (2020). Efeito de adubos orgânicos no crescimento, rendimento e qualidade da curcuma (Curcuma longa L). *Journal of Applied and Natural Science, 12(2),* 91-97.

Kadte, A. J., Perke, D. S., e Kale, P. S. (2018). Economia da produção de açafrão no distrito de Sangli, em Maharashtra, Índia. *Jornal Internacional de Microbiologia Atual e Ciências Aplicadas6,* 2279-2284.

Kalbhor S. G. (2007) Mapeamento dos recursos do solo da quinta experimental da faculdade de agricultura MAU Parbhani. Tese de Mestrado (Agri) apresentada ao VNMKV Parbhani.

Kanwar, Y. S., Sun, L., Xie, P., Liu, F. Y., & Chen, S. (2011). Um vislumbre de vários mecanismos patogénicos da nefropatia diabética. *Revisão Anual de Patologia: Mechanisms of Disease, 6,* 395-423.

Karunakaran, N., e Sadiq, M. S. (2019). Aspeto socioeconómico das práticas de agricultura biológica para melhorar o rendimento dos agricultores em alguns locais de Kerala, Índia. *Bangladesh Journal of Agricultural Research, 44*(3), 401-408.

Kashiwar, S. R., Kundu, M. C., e Dongarwar, U. R. (2019). Avaliação do estado de nutrientes do solo de Sakoli tehsil do distrito de Bhandara de Maharashtra usando técnicas GIS. *Journal of Pharmacognosy and Phytochemistry*, 8(5), 1900- 1905.

Kondvilkar N. B., e Thakare, R. *Asian Academic Reserch Journal Of Multidiciplinary.*

Kshirsagar, K. G. (2008). Impacto da agricultura biológica na economia da cultura da cana-de-açúcar em Maharashtra.

Kudao, K., e Kawai, S. (2002). Absorção de cádmio na cevada afetada pela concentração de ferro do meio: papel dos fitosideróforos. *Ciência do Solo e Nutrição de Plantas, 53(3), 259-266.*

Kumar, A., Anand, R., Singh, I., Rawat, P., e Tewari, S. K. (2018). Desempenho do açafrão (Curcuma longa L.) e características do solo sob diferentes espécies de árvores agroflorestais em Uttarakhand, Índia. Journal of Pharmacognosy and Phytochemistry, 7(5), 2150-2154.

Kumar, A., e Yadav, D. S. (2005). Influência da cultura contínua e da fertilização na disponibilidade de nutrientes e na produtividade de um solo aluvial. Journal of the Indian Society of Soil science, 53(2), 194-

198.

Kumar, A., Paswan, A. K., Ansari, M. N., e Singh, A. K. (2016). Relação do perfil socioeconómico dos agricultores que cultivam cúrcuma com a sua necessidade de formação. *Indian Journal of Extension Education, 52*(3and4), 97100.

Kumara, H. A. e Hundekar, S. T. (2018) Estado de fertilidade do solo da microbacia hidrográfica de Hittnalli do distrito de Vijyapur de Karnataka para recomendações específicas do local. *Journal of farm science.* 31(4), 415-418.

Lindsay, W. L. e Norvell. W. A. (1978). Desenvolvimento do teste de solo DTPA para Zn, Fe, Mn e Cu. *Journal of Soil Science America.* 42: 421-428.

Maji, A.K., Reddy, G.P., Thayalan, S. & Walke, N.J. (2005). Caracterização e classificação de formas de terra e solos sobre terreno basáltico em trópicos sub-húmidos da *Índia centralJournal of Indian Society of Soil Science. 53* (02), 154-162.

Malavath, R. e Mani, S. (2015). Diferenças na distribuição das propriedades físico-químicas e estado dos nutrientes disponíveis em alguns solos vermelhos, vermelhos lateríticos e pretos na região semi-árida de Tamil Nadu. *Journal of Pharmacognosy and Phytochemistry.* 7 (02), 451-459.

Malavath, R. N., e Thurpu, S. R. (2019). Estado de fertilidade do solo de alguns solos de cultivo de açafrão do distrito de Nizamabad de Telangana em relação aos nematóides de nó de raiz. *Journal of Pharmacognosy and Phytochemistry, 5*(1), 926929

Malewar, G. U. e Patil, V. D., (1998). Assessment of micronutrient status of export oriented mandarin orchards by soil and leaf analysis. *Journal of the Indian Society of Soil Science, 46*(1), 151-152.

Malode K. R. e Patil V. D. (2014). Caracterização de alguns vertisols da zona propensa à seca da região de Marathwada. Jornal Asiático de Ciência do Solo. 9 (01), 137-141.

Mandal, D.K., Esther Shekinath D., Tiwary, P. e Chall, O. (2005). Influência dos solos catenários na eficiência da utilização da água e no rendimento da soja de sequeiro na região de Vidharbha. *Journal of Indian Society of Soil Science. 53 (04), 566-570.*

Mandavgade, R. R., Waikar S. L., Dhamak A. L. e Patil, V. D. (2015). Avaliação do status de micronutrientes dos solos e sua relação com algumas propriedades químicas dos solos do norte de Tahsils (Jintur, Selu e Pathri) do distrito de Parbhani, *Journal of Agriculture and Veterinary Science 8, Issue 2 V.*

Medhe S. R., Takankhar V. G. e Salve A. N. (2012). Correlação de propriedades químicas, nutrientes secundários e aniões de micronutrientes dos solos de Chakur Tahsil do Distrito de Latur, Maharashtra. *Um jornal internacional revisado por pares. 1 (2), 2319-4731.*

Meena, V. S., Maurya, B. R., Verma, R., Meena, R., Meena, R. S., Jatav, G. K., e Singh, D. K. (2013). Influência dos atributos de crescimento e rendimento do trigo (Triticum aestivum L.) por fontes orgânicas e inorgânicas de nutrientes com efeito residual sob diferentes níveis de fertilidade. The bioscan, 8(3), 811-815.

More, S. D., Adsul, P.B., e More, A. B. (2005). Boletim sobre a tecnologia de ensaio de solos, água e tecidos para a qualidade Agril. Produção VNMKV, Parbhani.

More, S.D., Shinde J.S. e Malewar, G.U. (1987). Estudos sobre solos afectados por sal na área de comando de Purna. *Jornal da Universidade Agrícola de Maharashtra. 12 (02), 145-146*

Munsell, A. E., Sloan, L. L., & Godlove, I. H. (1913). Escalas de valores neutros. i. escala de valores neutros de Munsell1. Josa, 23(11), 394-411.

Nagula, A., Reddy, D. S., Radhika, P., Meena, A., e Dinesh, D. (2023). A study on socio economic characteristics of different stakeholders of turmeric value chain in Warangal rural district.

Nirawar, G. V., C. V. Mali e M. S. Waghmare (2009). Características físico-químicas e estado disponível de N, P e K nos solos de Ahemedpur tahsil do distrito de Latur. *An Asian Journal of Soil Science. 4 (1): 130- 134.*

Olsen, S.R., Cole, C.V., Watanabe, F.S. e Dean, L.A. (1954) Estimation of available phosphorus in soil by extraction with sodium bicarbonate. S. Department of Agriculture Circular. pp 939.

Oval, A.K. (2020). Investigação sobre o efeito de diferentes insumos orgânicos na dinâmica de nutrientes do solo, crescimento, rendimento e qualidade da soja em vertisol. (Tese de Mestrado) Tese apresentada a Vasantrao Naik Marathwada Krishi Vidyapeeth, Parbhani, (M.S.).

Pachpute, S. S., Deshmukh, K. V., e Bhaskar, K. R. (2023). Socio-economic characteristics of soybean in Marathwada region of Maharashtra (Características socioeconómicas da soja na região de Marathwada de Maharashtra).

Pandey, A., Laxmi, Tiwari, R.J. e Sharma, R.P. (2013). Distribuição de macro e micronutrientes disponíveis em solos do distrito de Dewas de Madhya Pradesh. *A Journal of Multidisciplinary Advance Research.* 2(2), 108114.

Pandiaraj, T., Srivastava, P. P., Das, S., e Sinha, A. K. (2018). Avaliação do estado de fertilidade do solo de plantas hospedeiras tasar que cultivam solos no distrito de Purulia, no estado de Bengala Ocidental. *Journal of Pharmacognosy and Phytochemistry*, 7(2),2966-2970.

Parhad, S. L., Kondvilkar, N. B., Khupse, S. M., Sale, R. B. e Patil, T. D. (2018) Gestão da qualidade do solo através da avaliação do estado dos nutrientes macro e secundários de Sindhkheda tahsil do distrito de Dhule Maharastra. *Revista Internacional de Estudos Químicos.* 6(3),

30983103.

Patil, B. A., Vaidya, P.H. e Dhawan, A.S., (2013). Caracterização, classificação e avaliação do solo e da água de irrigação em Osmanabad tehsil. *Journal Soil and Crop*.2 3(02), 401- 408.

Patil, P. B., Jatkar, P. R., e Adsul, P. B. (2019). Propriedades físico-químicas em solos de Washi tahsil do distrito de Osmanabad. *Journal of Pharmacognosy and Phytochemistry.* 8(4), 149-151.

Perke, D. S., Nagargoje, S. R., e Singarwad, P. S. (2018). Características socioeconómicas de produtores de soja selecionados no distrito de Hingoli, em Maharashtra. *Journal of Pharmacognosy and Phytochemistry, 7(1S), 980-982.*

Perni Jhansi (2005): estudos sobre o estado nutricional dos solos de cultivo de curcuma no distrito de Guntur. Tese de mestrado (Agri.) apresentada à Acharya N G Ranga Agricultural University.

Piper, C. S. (1966). Análise do solo e das plantas. Hans Publication, Bombaim

Purandhar, E. & Naidu, M.V.S. (2020). Caracterização, classificação e estado de fertilidade dos solos na região agro-ecológica semi-árida de Puttur Mandal no distrito de Chittoor, Andhra Pradesh. *Journal of the Indian Society of Soil Science.* 68 (01), 16-24.

R.K. & Konde, N. M. (2019) Características físico-químicas e estado dos micronutrientes e nutrientes secundários disponíveis nos solos da sub-região agro-ecológica do distrito de Latur, em Maharashtra. *Journal of Pharmacognosy and Phytochemistry.* 8 (5), 1129-1134.

Ravikumar A. e M. M., Dhemre, U. S. (2008). Avaliação do estado nutricional dos solos de cultivo de soja em Katol tehsil, distrito de Nagpur. 624.

Ramesh Naik Malavath e Satyam Raj Thurpu (2019) Estado de fertilidade do solo de alguns solos de cultivo de curcuma do distrito de Nizamabad de Telangana em relação aos nemátodos das galhas. *Journal of Pharmacognosy and Phytochemistry.* 8 (1): 926-929.

Rathaur, P., Raja, W., Ramteke, P. W., e John, S. A. (2012). Turmeric: A especiaria dourada da vida. *Jornal Internacional de Ciências Farmacêuticas e*

Investigação, 3(7), 1987.

Ravte, S.S. (2008). Estudos sobre o estado dos aniões de nutrientes secundários e micronutrientes disponíveis em Ausa e Nilanga tahsils do distrito de Latur (Tese de Mestrado) Tese apresentada à M.A.U. Parbhani.

Reddy, M.G.R., Reddy, G.P.O., Maji, A.K. e Rao, K.N. (2004). Avaliação da aptidão das terras para a cultura do algodão numa parte do planalto oriental de Maharashtra utilizando a deteção remota e o SIG. Agropedologia. 14 (01), 25-31.

Richards L.A. (ed.) (1954). Diagnosis and improvement of saline and alkali Soils (Diagnóstico e melhoramento de solos salinos e alcalinos). USDA Agric.Handb.60, U. S. Govt. printing office, Washington D.C.

Sahoo, B., Saha, A., Dhakre, D. S., e Sahoo, S. L. (2023). Perceived Constraints of Organic Turmeric Farmers in Kandhamal District of Odisha (Constrangimentos percebidos pelos agricultores de cúrcuma orgânica no distrito de Kandhamal de Odisha). *Indian Journal ofExtension Education, 59(1), 107-111.*

Saikumar e Nagenderao (2016) avaliaram as propriedades físicas dos solos de cultivo de malagueta do distrito de Khammam, em Telangana. *Jornal da Sociedade Indiana de Ciência do Solo.* 64 (4): 427-431.

Satish S., Naidu, M.V.S e Ramana K.V. (2018). Génese e Classificação dos Solos de Cultivo de Gram de Bengala na Bacia Hidrográfica de Brahmanakotkur de Andhra Pradesh. *Revista Internacional de Biociência Pura Aplicada.* 6 (05), 614-

Sawashe, S., Kulkarni, R. D., e Sabnis, A. (2007). Considerações de projeto e simulações de operação paralela de conversor de seis pulsos usando transformador interfásico. Em *2020, Conferência Internacional de Tecnologias Emergentes (INCET)* (pp. 1-7). IEEE.

Senthil Kumar e Savithri P. (2003) Characteristics of turmeric growing areas of the Coimbatore district in Tamilnadu. *Crop Research* 26(2): 365-369.

Senthil Kumar e Savithri P. (2004) Effect of zinc enriched organic manures and zinc solubilizer application on the yield, curcumin content and nutrient status of soil under turmeric cultivation. *Jornal de Horticultura Aplicada.* 6 (2):82-86

Shah, B. H., Nawaz, Z., Pertani, S. A., Roomi, A., Mahmood, H., Saeed, S. A., e Gilani, A. H. (1999). Inhibitory effect of curcumin, a food spice from turmeric, on platelet-activating fator-and arachidonic acid-mediated platelet aggregation through inhibition of thromboxane formation and Ca2+ signaling. *Biochemical pharmacology, 58(7),* 1167-1172.

Singh, R. P., e Mishra, S. K. (2012). Macro nutrientes disponíveis (N, P, K e S) nos solos do bloco Chiraigaon do distrito de Varanasi (UP) em relação às características do solo. *Jornal Indiano de Investigação Científica,* 97-101.

Singh, S.N., Singh, S.K. e Latare, A.M. (2017) Estado de fertilidade do solo do bloco Majhwa do distrito de Mirzapur da UP oriental. *Revista Internacional de Microbiologia Atual e Ciências Aplicadas.* 6 (9), 2019-2026.

Singh, Y. P., Raghubanshi, R. J., Tiwari e S. Motsara, (2013). Distribuição de Macro e Micronutrientes Disponíveis em Solos do Distrito de Morena de Madhya Pradesh. *Um Jornal de Pesquisa Avançada Multidisciplinar. 3 (1): 01-08.*

Singh, Y. V. Shashi Kant, Singh, S. K e Sharma, P. K. (2017) Avaliação das características físico-químicas do solo de Lahar Block no distrito de Bhind de Madhya Pradesh. *Jornal Internacional de Microbiologia Atual e Ciência Aplicada. 6 (2): 511-519.*

Srikanth, K., Balamurugan, M., e Ranganathan, L. S. (2008). Influência do vermicomposto nas propriedades físico-químicas e biológicas em diferentes tipos de solo, juntamente com o rendimento e a qualidade da cultura de leguminosas - blackgram. Journal of Environmental Health Science & Engineering, 5(1), 51-58.

Subbaiah, B.V. e. Asija, G. L. (1956). Um procedimento rápido para a determinação do azoto disponível em solos de arroz. Current Science. 25, 259-260.

Supriya, K., Kavitha, P. e Naidu, M. V. (2019) Mapeamento da fertilidade do solo na fazenda da Faculdade de Agricultura, Mahanandi, no distrito de Karnool, *Andhra Pradesh. Boletim de Ambiente, Farmacologia e Ciências da Vida.* 8(8), 110-114.

Tawale, J. B. e Pawar, N. D., (2009). Socio-economic status and constraints of labourers under Employment Guarantee Scheme in Marathwada region of Maharastra. Agriculture Update, 4(3/4), 244-246.

Thale, L.R., Vaidya, P.H., Shrivastav, A.S. e Sarda, D.A. (2020). Caracterização, classificação e adequação do local de cultivo de romã (Punica granatum L.) do solo do distrito de Latur, Maharashtra. *Indian Journal of Current Science.* 8 (03), 2959-2964.

Tharmaraj, K., Ganesh, P., Kolanjinathan, K., Suresh Kumar, R., e Anandan, A. (2011). Influência do vermicomposto e do vermiwash nas propriedades físico-químicas do solo cultivado com arroz. Current Botany, 2(3).

Tripathi, P.N. e Sawarkar, S.D. (2007). Morfologia, propriedades físico-químicas e classificação de alguns Vertisols do planalto de Kymore. *Journal of Soils and Crops*, 17 (02), 237-240.

Tur N. S., Sharma P. K., and Nayyar V. K. (2008) Mapping of micronutrient status and multi micronutrient deficiency in Patiala district using frontier technology. Journal of soils and crops. 18: 1- 6.

Vijay Shankar, P. (2007). Rainfed agriculture: enabling new rules of the game. SIID Policy Options, (1).

Verma, R. R. Srivastva, T. K. e Singh, K. P. (2014). Estado de macro e micro nutrientes do solo em solos de cultivo de cana-de-açúcar do distrito de Haridwar Uttarakhand (Índia). Jornal Indiano de Tecnologia da Cana-de-Açúcar. 29 (02): 72-76.

Verma, R. R. Srivastva, T. K. e Singh, K. P. (2016). Estado de fertilidade dos principais solos de cultivo de cana-de-açúcar de Punjab, Índia.

Jornal da Sociedade Indiana de Ciência do Solo. 64 (4): 427-431.

Waghmare, M.S., Indulkar, B.S., Bavalgave, V. G., Mali, C.V. e Takankhar, V. G. (2008). Propriedades químicas e estado dos micronutrientes de alguns solos de Ausa tahsil de Latur, Maharashtra. *An Asian Journal of Soil Science.* 3 (2), 236-241.

Waikar, S. L., Patil, V.D., e Dhamak, A.L. (2014). Status de macro nutrientes em alguns solos da fazenda central de MKV, Parbhani (Maharashtra). *Jornal Internacional de Agricultura e Ciência Veterinária.* 7 (12), 54-57.

Walkley, A. e Black, I.A., (1934). Um exame do método digital seff para determinar a matéria orgânica do solo e uma proposta de modificação do método de titulação com ácido crómico. Ciência do Solo. 37, 29-38.

Williams, C. H., e Steinbergs, A. (1959). As fracções de enxofre do solo como índices químicos do enxofre disponível em alguns solos australianos. *Australian Journal of Agricultural Research,* 10(3), 340-352. Williams, C. H., & Steinbergs,

Buy your books fast and straightforward online - at one of world's fastest growing online book stores! Environmentally sound due to Print-on-Demand technologies.

Buy your books online at
www.morebooks.shop

Compre os seus livros mais rápido e diretamente na internet, em uma das livrarias on-line com o maior crescimento no mundo! Produção que protege o meio ambiente através das tecnologias de impressão sob demanda.

Compre os seus livros on-line em
www.morebooks.shop

FSC
www.fsc.org
MIX
Papier aus verantwortungsvollen Quellen
Paper from responsible sources
FSC® C105338